装配式轻质墙板技术及质量通病防治

宫海　主编
朱华明　陈晨　副主编

中国建筑工业出版社

图书在版编目（CIP）数据

装配式轻质墙板技术及质量通病防治 / 宫海主编；朱华明，陈晨副主编．— 北京：中国建筑工业出版社，2022.4

ISBN 978-7-112-27133-7

Ⅰ．①装… Ⅱ．①宫… ②朱… ③陈… Ⅲ．①装配式构件-轻质隔墙板-工程质量-质量管理 Ⅳ．① TU522.3

中国版本图书馆 CIP 数据核字（2022）第 033643 号

本书共包括 6 章内容，内容涵盖轻质墙板的深化设计、生产、施工安装，并结合多年现场安装案例分析轻质墙板安装质量通病和防治手段，同时创新性地提出轻质墙板生产端管线集成概念及技术。本书旨在满足装配式轻质墙板现场施工安装专业管理人员和操作人员培养的需要，进一步提升专业从业人员的职业技能，提高装配式轻质墙板施工质量安全水平。

本书适合装配式建筑轻质墙板生产、安装专业人员和广大职业院校装配式建筑专业学生学习使用。

责任编辑：张伯熙　曹丹丹
责任校对：刘梦然

装配式轻质墙板
技术及质量通病防治
宫海　主编
朱华明　陈晨　副主编
*
中国建筑工业出版社出版、发行（北京海淀三里河路9号）
各地新华书店、建筑书店经销
北京鸿文瀚海文化传媒有限公司制版
廊坊市海涛印刷有限公司印刷
*
开本：787毫米×1092毫米　1/16　印张：9½　字数：236千字
2022年4月第一版　2022年4月第一次印刷
定价：**38.00**元
ISBN 978-7-112-27133-7
（38932）

本书编写委员会

主　编： 宫　海

副主编： 朱华明　陈　晨

委　员： 郭建好　赵　斌　王志军　王　俊　仲爱军

宋雷鸣　卢耀武　顾　均　张　斌　曹秋根

沈小龙　王　璐　顾佳男　黄昊量　廖政峰

侍崇诗　陆立标　曹红根　谢树刚　郭长卫

易鼎鼎　吴　亮　赵　阳　丁　浩　殷　为

主编单位

南通装配式建筑与智能结构研究院

参编单位

江苏智聚智慧建筑科技有限公司

苏州良浦天路新型建材有限公司

江苏华盟装配式建筑有限公司

江苏冠领新材料科技有限公司

江苏登绿新型环保材料有限公司

上海利物宝建筑科技有限公司

泰州绿品源装配式建筑科技有限公司

江苏鸿泰住宅工业科技有限公司

上海中汇建设发展有限公司

前　言

为指导施工现场建筑垃圾减量化工作，促进绿色建造发展和建筑业转型升级，2020年5月住房和城乡建设部发布了《住房和城乡建设部办公厅关于印发施工现场建筑垃圾减量化指导手册（试行）的通知》，提出要坚持创新、协调、绿色、开放及共享的发展理念，全面提高我国建筑垃圾治理和资源化利用水平。2020年8月住房和城乡建设部等9个部门联合印发《住房和城乡建设部等部门关于加快新型建筑工业化发展的若干意见》，意见提到，应发展安全健康、环境友好及性能优良的新型建材，推动装配式建筑等新型建筑工业化项目率先采用绿色建材，逐步提高城镇新建建筑中绿色建材的应用比例，完善集成化建筑部品，逐步形成标准化和系列化的建筑部品供应体系。在国家对施工现场建筑垃圾减量化要求日益提升，以及行业政策支持引导的双重背景下，传统的砖和砌块等墙体材料已经无法满足我国墙板行业高质量发展的需求。

轻质墙板具有生产机械化程度高、规格标准、整体性好及施工效率高等优点，可作为砌体类墙材的替代产品。根据相关测算，按照目前的施工条件，使用轻质墙板的安装效率是砌块施工的3倍以上。并且目前市场上熟练砌块工人的数量及施工质量都逐渐下降，导致砌块施工成本较高。此外，轻质墙板的表面平整，可以减少大量砂浆抹面，从而降低建筑材料的消耗量。因此，轻质墙板的推广使用，还可在一定程度上解决我国因人口红利逐渐消失造成的建筑工人短缺以及人工贵的问题，具有极高的经济效益、社会效益及环境效益。另外，现阶段墙板在安装完成后，还需要进行管线开槽施工及墙面装修等交叉施工，造成了环境污染大、施工效率低及质量不稳定等问题，不利于施工现场的管理。因此，轻质墙板的管线集成化及装饰集成化是未来的发展趋势。

目前，各地相继出台政策促进轻质墙板的推广应用。2017年2月14日，江苏省住房和城乡建设厅及其他政府部门联合发布《关于在新建建筑中加快推广应用预制内外墙板预制楼梯板预制楼板的通知》，成为全国第一个针对“三板”出台推广应用政策的省份。文件明确要求混凝土结构建筑和钢结构建筑均应推广使用轻质内隔墙板和预制外墙板，单体建筑中强制使用“三板”的总比例不得低于60%；按照《装配式建筑评价标准》GB/T 51129—2017明确了围护墙和内隔墙的应用比例。《云南省装配式建筑评价标准》DBJ 53/T—96—2018关于装配率计算的细则也同样对围护墙和内隔墙的应用比例做了要求：在2020年12月1日以后，采用免抹灰的高精砌块墙体产品及技术的装配式建筑墙体不再计入装配率。因此，装配式建筑墙体材料从砌块向板材发展是必然趋势。2017年我国《新型墙材推广应用行动方案》中明确提出，到2020年，装配式墙板部品需达到新型墙材产量的20%。因此，可以预见我国轻质墙板的应用范围越来越广，市场规模也将不断扩大。

目前，装配式建筑在我国已经进入了快速发展期，为满足行业人才培养的需求，我们组织编写了装配式混凝土建筑系列丛书，分别是《预制混凝土构件生产》《装配式混凝土建筑施工技术》《装配式混凝土建筑深化设计理论与实务》《装配式混凝土建筑质量管理》

四本教学培训用书。随着社会各界对轻质墙板的高度重视和政府的大力推动，轻质墙板的市场规模迅速扩大，但要清楚地看到，在轻质墙板的实际应用过程中，还存在大量的问题，而专业系统介绍轻质墙板的书籍很少。为满足培养轻质墙板行业设计、生产及施工等方向专业管理人员、技术人员和操作人员的需要，我们组织编写了《装配式轻质墙板技术及质量通病防治》，以提升轻质墙板技术的应用水平，促进轻质墙板行业的健康发展。本书在构思和撰写过程中，突出了以下特点。

（1）注重各类装配式轻质墙板全生命线的系统性。本书从装配式轻质墙板的产品概况、深化设计、生产施工和管线集成化入手，从多维度进行阐述。

（2）注重轻质墙板产品多样化的特性，分别对目前市场主流的蒸养陶粒混凝土板、挤压陶粒混凝土板、ALC 板以及新型 ALC 双拼板进行了较为详细的介绍，并且对不同产品的生产与施工技术要点进行了提炼和总结。

（3）创新性地提出了轻质墙板集成化的发展理念，避免了管线施工造成的破坏及成本的增加，从而提高轻质墙板的安装效率，降低综合成本。

（4）提供丰富的工程案例，对轻质墙板在生产、运输、成品保护及安装等环节出现的质量问题及解决方式进行了分析和总结。

本书可作为装配式建筑轻质墙板领域专业人员的培训教材。希望读者通过学习，了解和掌握装配式建筑轻质墙板领域中的各项技术要点。

本书在编写过程中，查阅和检索了建筑工业化方面的许多信息和资料，借鉴和吸收了众多学者的研究成果，在此谨向他们致以诚挚的谢意！

由于装配式轻质墙板正处于不断发展和实践的过程中，尚有许多技术问题需要进一步的研究，加上编者水平有限，虽经过反复研讨、修改，仍难免存在疏漏与不足之处。恳请广大读者提出宝贵意见，批评指正，以便再版时进一步修改完善。

目　录

第1章　轻质墙板产品概述

本章主要介绍轻质墙板的相关基础知识，包括轻质墙板的概况以及分类。通过相关内容的学习，读者能够对轻质墙板的概念、发展现状、相关政策以及常见的分类方法和各自特点有初步的了解。

1.1　轻质墙板的概况

1.1.1　轻质墙板的概念

轻质墙板是建筑用轻质隔墙条板的简称，是指采用轻质材料或轻型构造制作，两侧面设有榫头榫槽及接缝槽，用于工业与民用建筑的非承重内隔墙的预制隔墙板。轻质墙板生产原材料来源广泛，主要由轻质骨料、火山渣、无害化磷石膏、轻质钢渣及粉煤灰等多种工业废渣组成，由于所使用的原料不含对人体有害的物质，无放射性A类产品，且能够实现对废物的再利用，因此其具有环保的优点。

1. 质量

轻质墙板材料密度较小，对于90mm厚的轻质墙板来说，每平方米的质量甚至不到90kg，而对于120mm厚度的轻质墙板来说，每平方米的质量一般也小于140kg，其质量还不到同厚度烧结普通砖墙质量的三分之一。

2. 隔热、隔声性能

轻质墙板的隔热与隔声性能稳定，砖墙的传热系数为1.4，而轻质墙板的传热系数仅为0.2左右。对于90mm厚的轻质隔墙材料来说，其隔声量能够达到38dB以上，能有效满足用户的隔声要求。除此之外，部分轻质墙板还具有良好的防火性能，在1000℃高温下的耐火极限超过4h，且不散发有毒气体，不燃性能达到国家A级标准。

3. 抗震性能

轻质墙板采用装配式施工，板与板连接成整体，当受到地震作用时，其自振周期较长，能够快速吸收地震作用所产生的冲击波，从而达到良好的减震效果，且其抗冲击性能优于一般砌体结构，整体抗震性能比普通砌筑墙体更出色。

4. 吊挂荷载

目前，新型砌块墙体材料抗压强度一般介于3～3.5MPa之间，对螺钉几乎没有握裹力，咬合力的体现只能依赖表面抹灰层，而抹灰层的实际厚度仅在1～2cm之间，因此单点吊挂力难以保证。轻质墙板抗压强度一般在5MPa以上，单点吊挂力大于1000N。一般家用的碗橱、吊柜、高位水箱以及板式散热器等均可吊挂。

5. 安装方式

轻质墙板的安装完全为干作业安装，墙板可任意切割以便调整宽度和长度，施工时运输简便且堆放卫生。轻质墙板安装快速便捷，能大大缩短工期，和砖砌墙相比，在安装工作效率上能够提高 4～5 倍，而且能够改善深基础、“肥”梁及“胖”柱等存在的问题，从而使建筑物的综合造价下降。

1.1.2 轻质墙板的发展现状

建筑隔墙板是我国推进建筑工业化进程中的一种重要的建筑构配件。2017 年《新型墙材推广应用行动方案》中明确提出，到 2020 年，装配式墙板部品需达到新型墙材产量的 20%。建筑隔墙板的推广使用，除了可在一定程度上解决我国人口红利逐渐消失造成建筑工人短缺以及人工贵的问题，还能促进装配式建筑的发展。但是，隔墙板的行业准入门槛不高，企业间存在恶性竞争，隔墙板生产及安装等技术难点所需的配套技术少有人研究，造成市面上的隔墙板普遍存在面密度波动大、强度不达标及干缩值较大等质量问题。这些问题曾造成市场普遍排斥使用隔墙板的局面。节约能源、固废利用且满足建筑工业化发展是中国建筑材料联合会在 2012 年对新型墙体材料提出的发展要求。要真正实现隔墙板的推广使用，除了应保证隔墙板满足使用和质量要求外，隔墙板的制备还需满足绿色、环保要求。

目前，国内针对轻质墙板的研究多集中在设计、研发、深化及性能研究、生产、施工工艺及质量问题的分析、防治与应用等方面。在新型墙板研发及性能研究方面，刘敬敏等通过用一定量的建筑回收破碎料代替粉煤灰、煤渣，研制出一种新型装配式混凝土轻质隔墙板，同时对不同配合比的轻质隔墙板进行抗弯强度、抗压强度及干燥收缩等性能试验。研究结果表明，采用建筑回收破碎料生产出的轻质隔墙板的力学性能满足建筑结构规范要求，可以应用于工业与民用建筑物的各类非承重内墙。代学灵等针对含玻化微珠的整体式陶粒混凝土外墙板保温性能进行了分析。在轻质墙板的制备、生产方面，刘洪彬对基于新型墙板成型机提出了轻质菱镁墙板生产的改进方案。施工工艺及质量问题分析防治方面，史长江等针对轻质墙板裂缝问题提出以下原因：干缩率相对较高，建设技术缺乏合理性，养护工作缺乏合理性以及安装处理缺乏合理性，同时提出针对倒八字裂缝问题防治的方法、科学选取轻质墙板、科学安排墙缝砂浆、确保养护有效性及提升施工管理培训力度等一系列有效措施。高翔等提出蒸压加气混凝土隔墙板施工工艺。罗时勇等针对钢筋陶粒混凝土墙板施工常见质量问题提出控制措施。在墙板应用方面，王怀鑫等及司道林等就轻质实心复合条形墙板在装配式钢结构建筑中的应用进行了研究。随着我国建筑工业化的大力发展，板材生产企业、科研院所以及各大高校也都致力于新型外墙板的研发，轻质墙板正朝着“轻质高强、装饰与围护多板组合”的方向发展。

另外，还需要大力发展轻质、高强、保温、防火与建筑同寿命的多功能一体化装配式墙体及其围护结构体系，加强内外墙板的通用化、标准化、模块化、系列化。同时，应加强研发、生产适用于新型墙材的专用施工机具、辅助材料等，包括装配机具、高性能防水嵌缝密封材料、配套专用砂浆等；逐步提高墙体部品的配套应用、系统集成技术水平，包括应用软件开发，墙材部品部件与主体承重结构的连接技术、支护工艺和节点做法，墙材部品与建筑门窗、给水排水与电路管线的系统集成技术等。

1.1.3 轻质墙板相关政策

《关于加快墙体材料革新和推广节能建筑的意见》国发〔1992〕66号指出，目前我国墙体材料产品95%是实心黏土砖，每年墙体材料生产能耗和建筑供暖能耗近1.5亿t标准煤，占全国能源消耗总量的15%。因此，发展节能、节地、利废、保温、隔热的新型墙体材料是一件刻不容缓的大事。《关于发展新型建材若干意见》国经贸产业〔2000〕962号的通知中要求，建材行业应调整产业结构，发展新型建材，并遵循节能、节土、节水，充分利用各种废弃物，保护生态环境，贯彻可持续发展的战略原则，提出坚决淘汰落后的工艺、装备和产品。住房和城乡建设部建科〔1991〕619号文规定，在框架结构建筑中，限制使用实心黏土砖。墙办发〔2000〕06号，关于公布《在住宅建设中逐步限时禁止使用实心黏土砖》大中城市名单的通知中，包括北京、上海、广州等160个城市。

为了鼓励发展新型墙体材料替代实心烧结普通砖，支持工业废渣综合利用，国家针对生产新型节能墙体材料（轻质墙板）制定了一系列扶持优惠政策。国务院第82号、国发〔1992〕66号、财税字〔1995〕44号、国办发〔1999〕72号、财政部国家税务总局〔2001〕198号等文件规定：新墙材可享受一系列扶持优惠政策，包括发展新型墙体材料的基建、扩建、技改项目，实行固定资产投资方向调节税税率为0的政策；发展新型墙体材料的项目，可列入国家开发银行的基本建设政策性投资项目，可享受政策性贷款；对企业生产的原料中掺有不少于30%的煤矸石、炉渣、粉煤灰及其他废渣的建材产品，免征产品增值税等。2017年《新型墙材推广应用行动方案》中明确提出，到2020年，装配式墙板部品需达新型墙材产量的20%。

国家一系列优惠政策决定了建筑材料以新型墙体材料为主导，且从建筑设计部门做起，内隔墙的用量是整个建筑面积的2～3倍，成为建筑材料的首选项，前景广阔、市场巨大。

2017年2月14日，江苏省住房和城乡建设厅、江苏省发展和改革委员会、江苏省经济和信息化委员会、江苏省环境保护厅、江苏省质量技术监督局联合发布《关于在新建建筑中加快推广应用预制内外墙板预制楼梯板预制楼板的通知》（苏建科〔2017〕43号），正式启动新建建筑“三板”（预制内外墙板、预制楼梯板、预制楼板）的推广应用工作，成为全国第一个针对“三板”出台推广应用政策的省份。省级建筑产业现代化示范城市（县、区）自2017年12月1日起，其他城市（县城）自2018年7月1日起，在新建项目中推广应用“三板”，江苏成为全国“三板”应用的“排头兵”。

广西壮族自治区住房和城乡建设厅等5个部门于2020年发布通知，明确了自治区装配式建筑试点城市在新建建筑中推广应用预制楼梯板、预制楼板、预制内外墙板的范围和时间等要求。据了解，南宁、柳州、玉林、贺州是广西装配式建筑试点城市，“三板”将在这四座城市中心城区及与其紧密相连的集中建设区域范围（由试点城市划定）内推广。推广项目为2020年10月1日起取得土地使用权的新建保障性住房、商品住宅、宿舍（公寓）建筑及单体建筑面积在2万m^2以上的新建医院、宾馆、办公建筑，单体建筑面积在5000m^2以上的新建学校建筑。

济宁市住房和城乡建设局于2020年9月发布《关于进一步明确装配式建筑推进政策

和相关说明的通知》，文中提出，应继续执行该局发布的《在新建建筑中推广应用装配式“三板”的实施意见》。2020年起，全市新建民用建筑（不含工业建筑）项目全面应用预制楼梯板、预制叠合楼板、预制内墙板，新建项目均以施工图接审日期界定，按照《在新建建筑中推广应用装配式“三板”的实施意见》（济建节科字〔2018〕13号）和《单体建筑中“三板”应用总比例计算方法（修订）》的要求执行。

1.2 轻质墙板的分类与应用

用于制备隔墙板的轻质混凝土可大致分为轻骨料混凝土、轻质多孔（封闭孔）混凝土以及轻骨料多孔混凝土三大类。其中，轻骨料混凝土比较常用的是陶粒混凝土，但在制备密度较低的陶粒混凝土时，容易因为浆体与陶粒的密度差较大而造成陶粒上浮的现象。为此，在使用陶粒混凝土制备隔墙板时，一般会采取使用预湿后的陶粒以及在浆体中引入适量气体的方式降低浆体与陶粒的密度差，形成轻骨料多孔混凝土——陶粒泡沫混凝土，以改善陶粒上浮的现象。而轻质多孔混凝土主要是指狭义上的泡沫混凝土以及加气混凝土，例如ALC板。

1.2.1 陶粒混凝土板

陶粒混凝土板按断面构造可分为空心板和实心板两类，按构件类型可分为普通板、门窗框板和异形板三类，按加工工艺的不同可分为蒸养陶粒混凝土板和挤压陶粒混凝土板两种。

1. 蒸养陶粒混凝土板

蒸养陶粒混凝土板是以轻质高强陶粒、陶砂、水泥、砂、加气剂及水等配制的轻骨料混凝土为基料，内置钢筋骨架，经浇筑成型、养护（蒸养、蒸压）而制成的轻质条型墙板，可用于工业与民用建筑工程中的非承重隔墙。

蒸养陶粒混凝土墙板通过常压蒸汽养护和蒸压釜高温高压养护工艺，使墙板在双重的蒸汽养护过程中充分完成水泥和水的水化反应，并形成稳定的混凝土制品。同时，在高压釜的高温高压下，墙板的强度进一步得到提升，达到10MPa以上。特别是这种工艺可以降低墙板的后期收缩反应，使得墙板的干燥收缩值控制在0.3mm/m以内，从本质上减少了墙板安装后开裂的问题，并且缩短了墙板的生产周期，能及时根据客户的需求提供其所需的产品。参照江苏省标准图集《轻质内隔墙构造图集》（苏G 29—2019），蒸养陶粒混凝土板的常规尺寸和物理性能分别见表1-2-1及表1-2-2。

蒸养陶粒混凝土板常规尺寸 **表1-2-1**

序号	厚度/mm	宽度/mm	长度/mm	芯孔直径/mm
1	100	595	2000～3200	40
2	120	595	2000～3200	40/50
3	150	595	2000～3200	40/60
4	200	595	2000～3200	60/80

注：其他规格尺寸由供需双方商定生产。

蒸养陶粒混凝土板的物理性能 表 1-2-2

序号	项目	指标 /mm			
		板厚 100	板厚 120	板厚 150	板厚 200
1	抗冲击性能 / 次	≥ 5.0			
2	抗弯破坏荷载 / 板自重倍数	≥ 1.5	≥ 1.5	≥ 1.5	≥ 2.0
3	抗压强度 /MPa	≥ 5.0			
4	软化系数	≥ 0.85			
5	面密度 /kg/m^2	≤ 110	≤ 140	≤ 160	≤ 190
6	含水率 /%	≤ 5.0			
7	干燥收缩值 /（mm/m）	≤ 0.4			
8	吊挂力 /N	≥ 1000			
9	空气声隔声量 /dB	≥ 35	≥ 40	≥ 45	≥ 47
10	耐火极限 /h	≥ 1.0	≥ 1.0	≥ 2.0	≥ 2.0
11	传热系数 /［W/（m^2·K）］	—	≤ 0.343	≤ 0.342	≤ 0.387

注：对于分户墙及楼梯间墙等有传热系数限制要求的墙板，应检测传热系数。

2. 挤压陶粒混凝土板

挤压陶粒混凝土墙板的生产工艺简便独特，挤压成型机的工作原理是内置螺杆通过旋转将拌合物向后推进、挤实，在振动器和抹光板的作用下，形成平整连续的板坯，同时板坯产生的反推力推动挤压机向前移动，板坯经静置硬化后切割至一定的长度，形成板材。挤压陶粒混凝土墙板在原材料准备阶段，首先将陶粒以及破碎筛选后的煤渣放入水池中进行饱水处理，然后在搅拌机中与水泥、粉煤灰、适量水混合搅拌，待搅拌均匀后，放入挤压机料斗内挤压成型；最后经洒水养护后进行切割、打包、堆放养护直至成品。参照江苏省标准图集《轻质内隔墙构造图集》（苏 G 29—2019），挤压陶粒混凝土板的物理性能见表 1-2-3。

挤压陶粒混凝土板的物理性能 表 1-2-3

序号	项目	指标 /mm			
		板厚 100	板厚 120	板厚 150	板厚 200
1	抗冲击性能 / 次	≥ 5.0			
2	抗弯破坏荷载 / 板自重倍数	≥ 1.5	≥ 1.5	≥ 1.5	≥ 2.0
3	抗压强度 /MPa	≥ 5.0			
4	软化系数	≥ 0.80			
5	面密度 /（kg/m^2）	≤ 110	≤ 140	≤ 160	≤ 190
6	含水率 /%	≤ 6.0			
7	干燥收缩值 /（mm/m）	≤ 0.5			
8	吊挂力 /N	≥ 1000			
9	空气声隔声量 /dB	≥ 35	≥ 40	≥ 45	≥ 47
10	耐火极限 /h	≥ 1.0	≥ 1.0	≥ 2.0	≥ 2.0
11	传热系数 /［W/（m^2·K）］	—	≤ 0.343	≤ 0.342	≤ 0.387

注：对于分户墙及楼梯间墙等有传热系数限制要求的墙板，应检测传热系数。

不管是蒸养陶粒混凝土板还是挤压陶粒混凝土板，都可广泛使用在住宅建筑、公共建筑和工业建筑中。通常，住宅建筑的厨房、卫生间内隔墙应采用 100mm 或 120mm 厚的墙板，分室墙、楼梯和过道、分户墙的内隔墙应采用 200mm 厚的墙板；公共建筑如医院、学校、写字楼和大型综合体的底层或裙房的商铺、门诊室等的分隔墙应采用 120mm 或 150mm 厚的墙板，病房、办公室、教室、实验室、活动室等的分室墙应采用 200mm 厚的墙板，卫生间、盥洗室、杂物间的分隔墙应采用 100mm 或 120mm 厚的墙板，楼梯和过道的内隔墙应采用 200mm 厚的墙板；工厂厂房的内部分隔墙应采用 200mm 厚的墙板；住宅车库或地下停车场的内隔墙应采用 100mm 或 200mm 厚的墙板。陶粒混凝土板如图 1-2-1 及图 1-2-2 所示。

图 1-2-1　陶粒混凝土板（100mm 厚）

图 1-2-2　陶粒混凝土板（200mm 厚）

1.2.2　ALC 板

ALC 板是蒸压轻质混凝土板（Autoclaved Lightweight Concrete Slab）的简称，是以石灰、水泥、石英砂等为主要原料，再根据不同结构的需求添加不同数量钢筋网片（经防腐处理）的一种轻质多孔的新型绿色节能建筑材料。经过高温、高压及蒸汽养护，ALC 板内部反应产生诸多不规则的小气孔，其密度较一般水泥质材料小，且具有良好的耐火、防火、隔声、隔热、保温等优越性能。

ALC 板可以根据自身排板需求，在加工厂制作完成之后，直接运输到现场进行拼装，节省了工期，还降低了环境的污染，所以目前被广泛应用于住宅、商业、办公等工业与民用建筑中。ALC 板常用宽度为 60cm，厚度分为 10cm、20cm 两种，长度以 30cm 为模数定尺加工，相关数据详见表 1-2-4。

ALC 板常规尺寸　　　　**表 1-2-4**

尺寸类型	尺寸模数 /cm	常用规格 /cm
板长（L）	30	180～300
板宽（B）	60	60
板厚（D）	10	10、20

ALC 板按照蒸压加气混凝土强度分为 A3.5、A5.0、A7.5 三个强度等级。参照江苏省标准图集《轻质内隔墙构造图集》（苏 G29—2019），其主要物理性能见表 1-2-5。

ALC 板的物理性能　　表 1-2-5

序号	项目	指标				
1	板厚 /mm	100	125	150	175	200
2	抗冲击性能 / 次	≥ 5.0				
3	抗弯破坏荷载（板自重倍数）	≥ 1.5				
4	抗压强度 /MPa	≥ 3.5				
5	软化系数	≥ 0.85				
6	面密度 /（kg/m^2）	≤ 60	≤ 75	≤ 90	≤ 105	≤ 120
7	含水率 /%	≤ 12.0				
8	干燥收缩值 /（mm/m）	≤ 0.5				
9	吊挂力 /N	≥ 1000				
10	隔声 /dB	≥ 35	≥ 40	≥ 42	≥ 45	≥ 48
11	耐火极限 /h	≥ 1	≥ 2	≥ 2	≥ 2	≥ 3
12	传热系数 /［$W/(m^2 \cdot K)$］	≤ 0.169	≤ 0.174	≤ 0.174	≤ 0.175	≤ 0.177

注：ALC 板具有防火、保温隔热、隔声、施工方便等特点，适用于建筑的分户、分室、走廊、楼梯等室内隔墙。不宜在干湿交替及地下室部分使用。

ALC 板平缝拼接时，其板缝缝宽不应大于 5mm，安装时应以缝隙间挤出砂浆为宜。在墙板侧边及顶部与钢筋混凝土墙、柱、梁、板等主题结构连接处，应预留 10～20mm 的缝隙，缝宽需满足结构设计要求。墙板与主体机构之间采用柔性连接，宜用弹性材料填缝，如有防火要求，应采用防火材料填缝，ALC 板现场安装如图 1-2-3 所示。

1.2.3　ALC 双拼板

ALC 双拼板是以石英砂、水泥及石灰等为主要原料，并附加特种添加剂，经过高压蒸汽养护而成的多气孔混凝土无筋板材，高度不超过 2400mm，现场通过角码进行上下拼接的新型 ALC 板材（简称 ALC 双拼板）。其基本构造如图 1-2-4 所示。

ALC 双拼板抗压强度不小于 3.5MPa，干体积密度不大于 525kg/m³。ALC 双拼板板材规格常用宽度为 600mm，根据板长不同分为常用标准板与配套板，常用标准板又根据厚度分为 100mm 和 150mm、200mm 两种类型，具体分类见表 1-2-6，配套板则根据实际建筑层高确定，其他特殊尺寸板材规格可按需求定制。

图 1-2-3　ALC 板现场安装

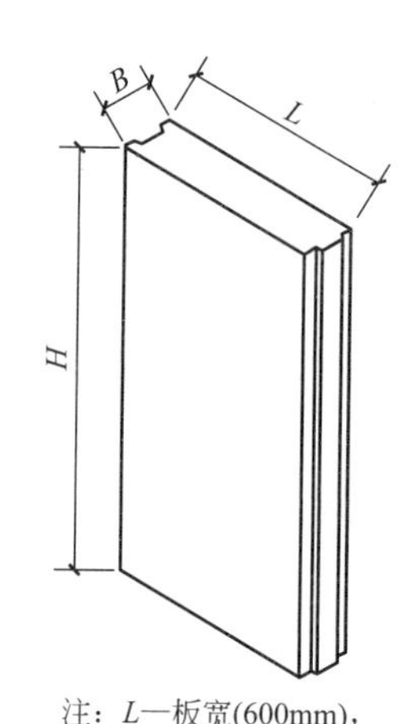

图 1-2-4　墙板基本构造示意图

常用标准板分类明细表　　**表 1-2-6**

常用标准板厚度 /mm	常用标准板高度 /mm	适用建筑层高 /mm
100	1500	2500～3600
	1800	
	2100	
150、200	1500	2500～4500
	1800	
	2100	
	2400	

采用 ALC 双拼板上下双拼形成的预制隔墙称为 ALC 双拼内墙。ALC 双拼内墙具有良好的防火、保温、隔声性能，可用作分户隔墙、分室隔墙、外走廊隔墙和楼梯间隔墙等，使用功能和使用部位有特殊要求时，还可设计双层 ALC 双拼内墙。ALC 双拼内墙基本构造见图 1-2-5。

上海市发布的规范《蒸压轻质混凝土（ALC）双拼墙板应用技术规程》（T/SCQA 205—2020）于 2021 年 3 月 1 日正式实施。

上海交通大学 - 国际计侧器株式会社共建模拟地震振动台试验室以 ALC 双拼板及 ALC 条板为研究对象，利用振动台室内试验研究方法，研究对比了两类装配式墙板在地震作用下的动力响应特点及抗震性能，结果表明 ALC 双拼板及其角码连接件可以承受高达 9 度罕遇地震作用，地震激励波输入场景如图 1-2-6 所示。模型测试现场全景如图 1-2-7 所示。

在各种工况下，ALC 双拼板位移角均在 0.002 以下，满足《建筑抗震设计规范》GB 50011—2010（2016 年版）中有关位移角限值 1/250 的规定；并且最大应力均未超过角码所用材料的屈服强度。在9度罕遇地震波作用下，角码处的最大应力值也远小于钢材的屈服强度。从各应变云图可以看出，ALC双拼板在各地震作用下受力均匀，应变一致，具有整体性。除接缝砂浆带上，ALC双拼板上的最大主应变均小于0.06%，最大主应力均不超过1.05MPa，未超过材料抗压强度。板体主体和角码均在弹性范围内，满足各项相关抗震设防要求，表现出非常好的抗震性能，且抗震性能比同类规格、同等材料的ALC条板略好。

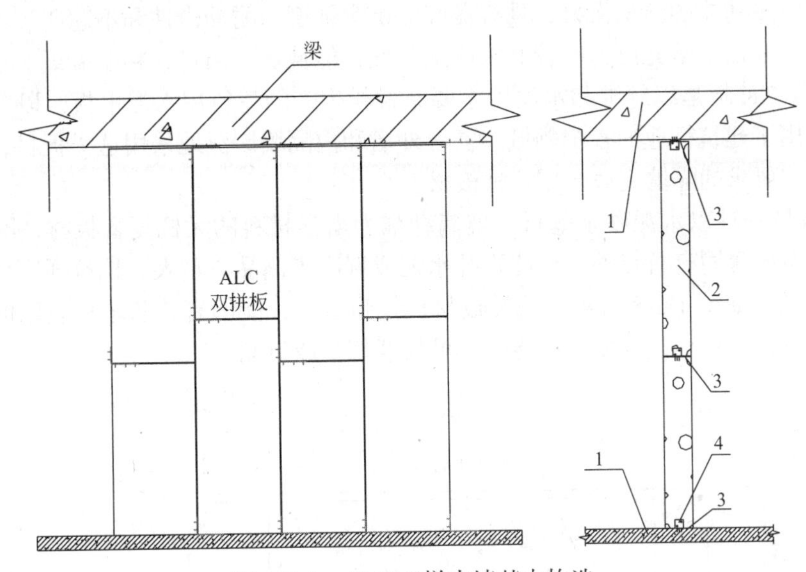

图1-2-5　ALC双拼内墙基本构造

1—楼板、梁；2—ALC双拼板；3—安装预留空隙；4—L形角码

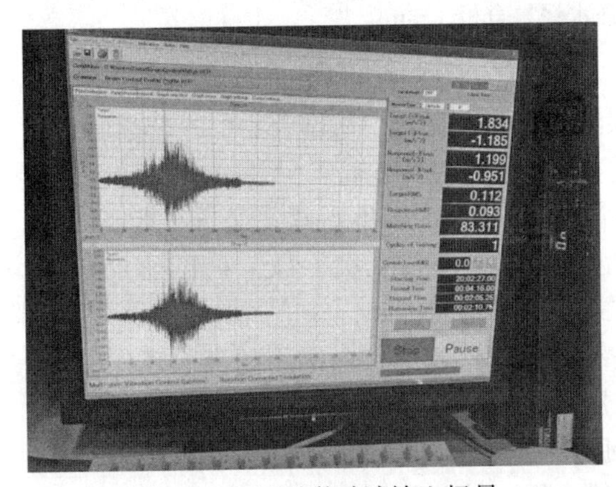

图1-2-6　地震激励波输入场景

图1-2-7　模型测试现场全景

1.2.4　集成化墙板

集成化板材主要用工业化的设计思维，将管线以及装饰功能集成在墙板上，只需在施工现场按照要求进行组装即可，安装效率高、节能环保、综合成本更低。

1．纤维增强水泥复合板

纤维增强水泥复合板以水泥制品为基材，以玻璃纤维为增强材料，除保持水泥制品不燃、耐压等特点外，纤维可提高水泥制品的抗拉强度、耐冲击性等。这类防火板材不燃烧、耐潮湿，具有良好的抗弯强度和耐冲击性，有较好的可加工性，适用于轻型工业厂房、操纵室、实验室等建筑的隔墙和吊顶。纤维增强水泥复合板分为中碱玻璃纤维短石棉低碱度水泥复合板（TK 板）和玻璃纤维增强水泥复合墙板（GRC 板）两类。

TK 板是以 I 型低碱度水泥为基材，并用石棉、短切中碱玻璃纤维增强的一种薄型、轻质、高强、多功能的新型板材，具有良好的抗弯强度、耐冲击性和不翘曲、不燃烧、耐潮湿等特性，表面平整光滑，有较好的可加工性，能截锯、敲钉，粘贴墙纸、墙布，涂刷油漆、涂料。TK 板是以纤维和水泥为主要原材料生产的建筑用水泥平板，以其优越的性能被广泛应用于建筑行业的各个领域。复合外墙和内隔墙广泛地采用这类板材，高层建筑有防火、防潮要求的隔墙更适合用这种板材。

GRC 板是一种以水泥砂浆基材、玻璃纤维为增强材料的无机复合板材，除保持水泥制品不燃、耐压等固有特点外，还能弥补水泥或混凝土制品自重大、抗拉强度低、耐冲击性能差等不足，如图 1-2-8 所示。该类板材抗拉强度高，能够有效防止板表面的龟裂，耐冲击性能优越，自重小，且加工性能好，可任意切割或钉刨。

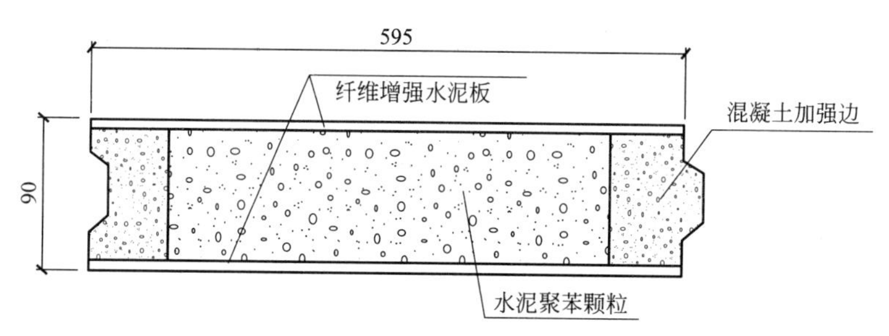

图 1-2-8　玻璃纤维增强水泥复合板（mm）

2. 覆膜金属一体化

覆膜金属一体化板是以两面覆膜钢板与保温芯材为主材料，通过专业生产设备加工成型，且具备相应承载功能的一种新型板材。其基本构造见图 1-2-9。

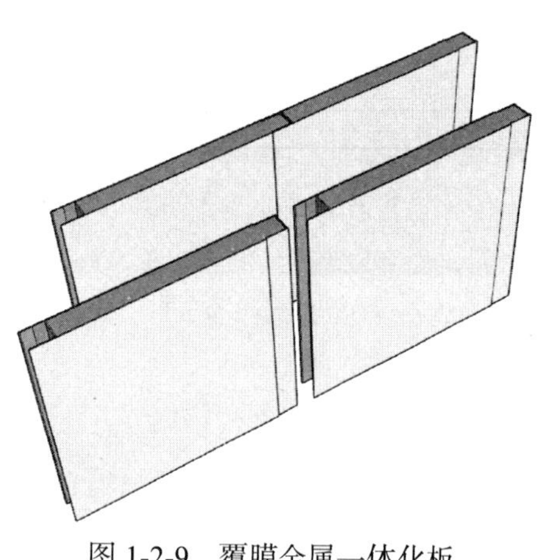

图 1-2-9　覆膜金属一体化板

覆膜金属一体化板集承重、装饰、保温、防火、防水于一体，无需二次装修，采用企口插入式安装方式，并可重复拆卸，施工周期短，综合效益优，是一种用途广泛，极具潜力的高效环保板材，主要应用于住宅、办公写字楼、商业空间、医院等工业与民用建筑的吊顶、隔断系统。

覆膜金属一体化板的厚度范围为 30～200mm，其中墙板常用厚度范围为 50～100mm，天花、吊顶常用厚度范围为 30～50mm；覆膜钢板厚度为 0.42mm、0.5mm、0.6mm、0.8mm，覆膜钢板纹路可采用木纹、石纹、纯基础色等，也可根据需求定制；机制板常用有效宽度为 950mm、1150mm，手工板宽度不大于 1180mm。

覆膜金属一体化板的保温芯材是绝热轻质材料，可采用模塑聚苯乙烯泡沫塑料、挤塑聚苯乙烯泡沫塑料、硬质聚氨酯泡沫塑料、岩棉及玻璃棉制作。模塑聚苯乙烯泡沫塑料的密度不应小于 18kg/m^3，传热系数不应大于 0.038W/（m^2·K）；硬质聚氨酯泡沫塑料的密度不应小于 38kg/m^3，传热系数不应大于 0.026W/（m^2·K）；岩棉的纤维朝向需垂直于金属面板，密度不应小于 100kg/m^3，传热系数不应大于 6.043W/（m^2·K）；玻璃棉的密度不应小于 64kg/m^3，传热系数不应大于 0.042W/（m^2·K）。

第2章 轻质墙板深化设计

在工程设计中，以不影响原图纸的设计为前提，把一些按原图纸不能直接施工或做法较复杂的部位，按照现场实际情况进行重新出图，就是深化设计的主要工作。本章主要介绍轻质墙板深化设计的相关知识，主要包括深化设计的概念及作用，深化设计的注意事项，以及深化设计的相关规范及参考图集等。通过学习本章内容，读者可以了解轻质墙板的深化设计对于工程应用的价值和意义。

2.1 深化设计概念、基本内容及作用

2.1.1 深化设计概念

深化设计是指由于施工图纸达不到直接进行工程施工的深度，其中的细部尺寸、构件材料及构造做法设计不能满足施工工艺和使用要求，或者在专业性较强的分项工程中，只有方案或系统设计，而缺少细部设计，且与其他专业工种或工序之间存在设计不协调，建筑、结构、水电、设备、装饰专业的预留及预埋部位设计不明确等，需要在施工图及设计方案或系统及原理图的基础上，结合施工现场实际情况，对施工图纸进行细化、补充和完善的二次设计。

深化设计后的施工图纸应符合国家及地方的相关专业设计和施工规范的规定，能满足业主、原设计和专业工程的技术要求，并经原建筑设计单位审查通过后，能直接指导现场施工。墙板深化设计根据不同设计深度可分为以下几个层面：

（1）虽有完整的施工图，但施工工艺达不到设计要求，需要由施工单位完成施工图深化设计。

（2）虽有施工图，但部分特殊专业的设计只给出了尺寸大小、位置关系和系统图，需要在选型后由相应的专业单位再进行专业设计。

（3）施工图只能给出所使用的材料，其中的具体细部规格、尺寸及数量需要进行补充设计（例如需要补板的情况）。

（4）设计图纸已达到施工图设计深度要求，但在具体实施过程中，仍需结合施工工艺要求继续进行细化，如门窗洞口及管线洞口的细化处理，如图2-1-1所示。

图2-1-1 门洞及管洞处理

2.1.2 深化设计的作用

墙板施工深化设计的主要作用是保证建筑工程设计的功能性与实用性，是在特定的工程施工图上进行墙板安装专业化设计，以便能指导墙板安装工人进行精细化施工作业，达到完善墙板专业工程设计的要求，最终确保工程施工顺利开展，并提高工程建设的质量，避免墙板的浪费。墙板工程深化设计的作用具体体现在以下几个方面：

（1）在原有工程设计图纸的基础上，根据墙板的特性，结合施工现场的实际情况，对图纸进行细化、补充和完善，使深化后的图纸能直接指导墙板的现场安装施工。

（2）对墙板安装的具体构造方式、工艺做法和工序安排进行优化调整，使深化后的墙板安装图纸完全具有可实施性，满足墙板安装的精确性要求。

（3）通过深化设计，对工程施工图纸进行补充、完善和优化，明确门窗洞口、水电暖通及走管过线洞孔的预留、埋设等要求。

（4）进一步明确墙板安装与土建、水电、设备及装饰等专业工种的施工分界和相互关系，保证各专业之间能顺利配合。

2.2 轻质墙板深化设计分析及注意事项

2.2.1 墙板的基本特性与工程适应性

为进一步做好施工图深化设计，首先必须了解轻质墙板的基本特性与工程适应性，以便在深化设计时找准问题，精准施策，并最终解决问题。一般来讲，轻骨料混凝土墙板具有性价比高、轻质、免粉刷、环保和施工速度快等优点，因此住宅工程和公共建筑工程比较适合使用此类墙板。在轻质墙板的设计和施工中，应掌握下列几点特性和要求。

（1）对住宅来说，厨卫间部分的内隔墙宜采用 100mm 厚的轻质墙板作为内隔墙；分室墙、分户墙、楼梯及电梯部分宜采用 200mm（或者 150mm）厚的轻质墙板作为内隔墙。

（2）不同类型轻质墙板的性能指标有所差别，主要体现在面密度、耐火极限、隔声及保温等方面。不同厚度轻质墙板的具体性能参数见表 2-2-1。

不同厚度轻质墙板的具体性能参数　　表 2-2-1

性能指标		陶粒挤压板与蒸养板	ALC 板	ALC 双拼板
抗压强度 /MPa		≥ 5	≥ 3.5	≥ 3.5
面密度 /（kg/m^2）	100mm	≤ 110	≤ 60	≤ 110
	150mm	≤ 160	≤ 90	
	200mm	≤ 190	≤ 120	
耐火极限 /h	100mm	≥ 1	≥ 1	≥ 1
	150mm	≥ 2	≥ 2	≥ 2
	200mm	≥ 2	≥ 3	≥ 3

续表

性能指标		陶粒挤压板与蒸养板	ALC 板	ALC 双拼板
隔声性能/dB	100mm	≥ 35	≥ 35	≥ 41
	150mm	≥ 45	≥ 42	≥ 46
	200mm	≥ 47	≥ 48	≥ 49
传热系数/[W/(m^2·K)]	100mm	≤ 0.387	≤ 0.177	≤ 0.130
	150mm			
	200mm			

（3）对于单面墙长超过 6m 的轻质墙板，应在墙体中间或纵横向隔墙交叉处增设混凝土构造柱或型钢构造柱，并在土建施工时一并完成构造柱的施工。

（4）厨卫间部分的内隔墙，应在楼面上的隔墙板根部设置与墙体等厚、高为 200mm 的钢筋混凝土止水坎，并在楼面梁板混凝土施工时一并完成施工。

（5）为确保轻质墙板的工程安装质量，对于门边宽度小于 200mm 的窄板、墙垛和方柱，应采用现浇钢筋混凝土。同时，对于宽度不小于 1500mm 的门洞的门边板，应改为现浇钢筋混凝土柱；对于高度小于 600mm 的门头板，应改为现浇钢筋混凝土下挂板。现浇钢筋混凝土部分应在楼层钢筋混凝土柱梁板施工时一并完成。

（6）墙板深化设计应在符合国家有关规定的前提下，结合墙板安装企业自身的技术优势、施工经验及先进的施工方法进行设计。同时，墙板的深化设计应与工程施工组织设计和施工方案协调一致。

2.2.2 施工图深化的重点部位

（1）门洞周边墙板的安装往往是施工质量控制的难点，这是因为门洞削弱了洞口周边墙体断面的强度，一方面造成了墙板受力的集中，容易引起洞口上阴角部位产生向外扩散的倒八字形裂缝；另一方面门洞周边整体性差，加之门扇的开关会引起墙板的振动，容易在门洞周边产生裂缝。所以，门边宽度小于 200mm 的窄板和墙垛应采用现浇钢筋混凝土柱；门边板宽度小于 100mm 时，必须采用现浇混凝土构造柱（或预制混凝土小方柱），门洞周边设置现浇混凝土构造柱及预制混凝土小方柱分别如图 2-2-1 和图 2-2-2 所示。

（2）门头板的两侧是墙体的薄弱部位，板端的横缝和竖缝不易堵实，加之门侧部位是电气设施的控制开关盒、过线盒和敷设线管的走线位置，往往需要开洞和开槽，这种洞槽的开设容易引起墙板裂缝，所以应在门头板两侧进行加强设计。

（3）门窗洞口部位需要有一定的加强措施。如果建筑设计时，没有考虑门窗洞口的加强措施，待墙板安装单位进场施工时，如发现有小于 200mm 宽的墙垛时，必须采取加强措施。通常的方法是采用预制钢筋混凝土方柱进行安装。

图 2-2-1　门洞周边设置现浇混凝土构造柱

图 2-2-2　预制混凝土小方柱

2.2.3　轻质墙板深化设计的注意事项

（1）技术质量控制措施。应严格按照国家的规范、规程及标准进行深化设计，尽量采用较为成熟的施工工艺，以便安装单位能进行标准化施工，从而提高墙板安装质量，避免发生质量通病。

（2）严格进行板材选择。墙板自身质量对后期施工安装的影响较大，应及时与墙板生产厂家沟通，掌握墙板的生产情况和墙板性能参数。应及时检测墙板强度，对于不符合安装要求的墙板，应及时更换；墙板尺寸与实际要求相差过大或过小时，也应及时进行调整并更换。

（3）墙板存放及运输要求。墙板应堆放在靠近安装操作的作业区域，且应侧立放置，不得平放，应随用随取，尽量避免二次运输，或应尽量减少二次运输的距离，确保墙板不致受到不必要的扰动，以节约施工堆放场和安装用工，降低施工成本。

（4）墙板薄弱部位的加强措施。墙板墙体的薄弱部位一般出现在门窗洞口周边、拐角部位及层高超高部位，应针对不同情况采取相应的技术和构造措施进行具体的加强设计。

2.3　轻质墙板规范及图集简介

2.3.1　轻质墙板规范简介

轻质墙板常用规范标准如下：

（1）《建筑用轻质隔墙条板》GB/T 23451—2009；

（2）《建筑轻质条板隔墙技术规程》JGJ/T 157—2014；

（3）《工程测量标准》GB 50026—2020；

（4）《建筑施工安全检查标准》JGJ 59—2011；

（5）《建筑施工高处作业安全技术规范》JGJ 80—2016；

（6）《建筑机械使用安全技术规程》JGJ 33—2012；

（7）《施工现场临时用电安全技术规范》JGJ 46—2005；

（8）《建筑装饰装修工程质量验收标准》GB 50210—2018；
（9）《蒸压加气混凝土板》GB/T 15762—2020；
（10）《建筑工程施工质量验收统一标准》GB 50300—2013；
（11）《建筑隔墙用轻质条板通用技术要求》JG/T 169—2016。

2.3.2 轻质墙板图集简介

轻质墙板常用图集如下：
（1）《轻质内隔墙构造图集》G29—2019；
（2）《蒸压轻质砂加气混凝土（AAC）砌块和板材建筑构造》O6CJ05；
（3）《内隔墙 - 轻质条板（一）》10J113—1；
（4）《蒸压加气混凝土砌块、板材构造》13J104；
（5）《蒸压轻质加气混凝土板（NALC）构造详图》03SG715—1。

2.4 轻质墙板深化设计

2.4.1 轻质墙板施工组织设计优化

施工方案的优化主要是通过对项目工程施工中的资源、技术、质量、安全和经济各项之间的比较权衡，选择最优的施工方案，在保证施工质量和施工安全的前提下，加快施工进度，从而降低资源的消耗。

施工方案优化的主要内容是施工顺序的优化、施工作业组织形式的优化、施工机械组织的优化、机械需求计划的优化以及施工劳动组织的优化。

重点优化部位如下：门边板宽度小于 200mm 的墙垛应采用现浇混凝土；门头板的两侧是薄弱部位，板端竖缝不易密封结实，且门侧控制开关的走线位置需要开槽，应进行加强设计；门窗洞口部位应进行加强设计。

2.4.2 轻质墙板深化设计

进行深化设计时，在墙板安装做法上，应重点设计墙板排板详图。在满足建筑功能要求的前提下，设计好墙板的连接选型与细部构造，确保布置详图准确无误。

1. 设计深化说明内容

施工前，需确认施工图中的设计说明内容是否与墙板安装要求相符，表述是否正确与齐全，具体应包含设计依据、分项工程规范、施工图纸说明、主材要求、技术要求、细部做法、现场抽样检测试验说明及标识图例等。

2. 平面布置图深化内容

平面布置图主要表现的是墙板平面布置情况，在建筑平面设计的基础上进行墙板布置。深化设计时，要做到墙板规格选型合理、尺寸齐全，并符合规范及建筑使用功能的要求，特别是门窗洞口的预留及洞口周边墙板的排板设计，并确保在建筑防火与隔声要求方面与原建筑设计保持一致。深化平面图时，应有详细的排板设计平面布置图，并完善图上轴线轴号、图名、相关的图例与设计说明。

3. 立面图深化内容

立面图主要用来表现立面墙板的布置情况。在立面图中，需清晰表现墙板立面排板、尺寸、定位及不同或相同材质之间的拼接处理细节等。

4. 专业设计时容易发生的矛盾和隐患

在绘制立面图时，还需结合建筑、结构及水电等专业设计，在立面图上表现出正确性和一致性，避免发生矛盾，从而留下隐患。因深化设计不到位引起的安装困难如图 2-4-1 所示，安装隐患如图 2-4-2 所示。

图 2-4-1　深化设计不到位引起安装困难

图 2-4-2　深化设计不到位引起安装隐患

（1）注意墙板转角、墙板与梁、墙板与地面及墙板与墙柱的收口方式，逐步形成整体的三维空间，从而完整地表现出设计意图，尤其需注意门窗洞口周边墙板加强措施的设计。门边板、门头板及阴角处理如图 2-4-3 所示。

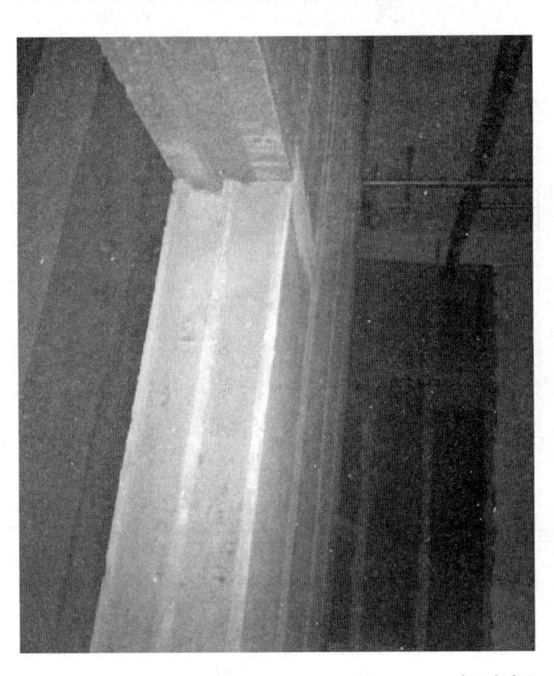

图 2-4-3　门边板、门头板及阴角处理

（2）用立面图表现的板顶、板底高度及细部尺寸应与原建筑设计、结构及水电设计一致。

（3）材料标注和尺寸标注应齐全，剖面或大样索引应分别与剖面图或大样图对应。

（4）细部深化设计内容。各种定位尺寸关系、相互尺寸关系以及自身尺寸关系要完整。深化图纸外部尺寸应标有三道尺寸（细部尺寸、轴线尺寸和总尺寸）。

（5）图内各部分之间的相互尺寸关系，如平齐关系、居中关系、对应关系、对称关系和均等关系等，应具体、明确。图中要有对薄弱部位的加强措施和对质量通病的防治措施的技术要求。

2.4.3 轻质墙板深化设计的注意事项

（1）当抗震设防地区的轻质墙板安装长度超过 6m 时，应设置构造柱。构造柱宜采用钢筋混凝土构造柱，也可采用钢构造柱。

（2）当在轻质墙板上横向开槽或开洞，并敷设电气暗线、暗管及开关盒时，墙板厚度应大于 100mm，开槽长度不应大于墙板宽度的 1/2，开槽深度不应超过板厚的 1/3。

在轻质墙板上开槽时，不应在墙板两侧同一部位开槽和开洞，两侧的洞槽至少应错开 300mm，且应避开轻质墙板的竖向与横向拼缝。

（3）为确保轻质墙板在平面内的可变形性，应在轻质墙板与主体结构相连的部位设置 10～20mm 的胀缩缝，并用发泡剂或岩棉填充（有防火要求时）。

（4）当轻质墙板端部尺寸不足 1 块标准板宽时，可补板，且补板宽度不应小于 200mm，应在深化设计阶段将补板排布在整个墙体的中间部位。

（5）因轻质墙板种类较多，且可能存在孔洞，或建筑层高不同等，均会导致发生接板情况。因此，在深化设计时，宜将板厚、长度、有无孔洞、横装或竖装及有无导墙等信息标注在深化设计图纸上，如有孔洞，应标明轻质墙板在孔洞的上方还是下方，轻质墙板深化设计标注如图 2-4-4 所示。

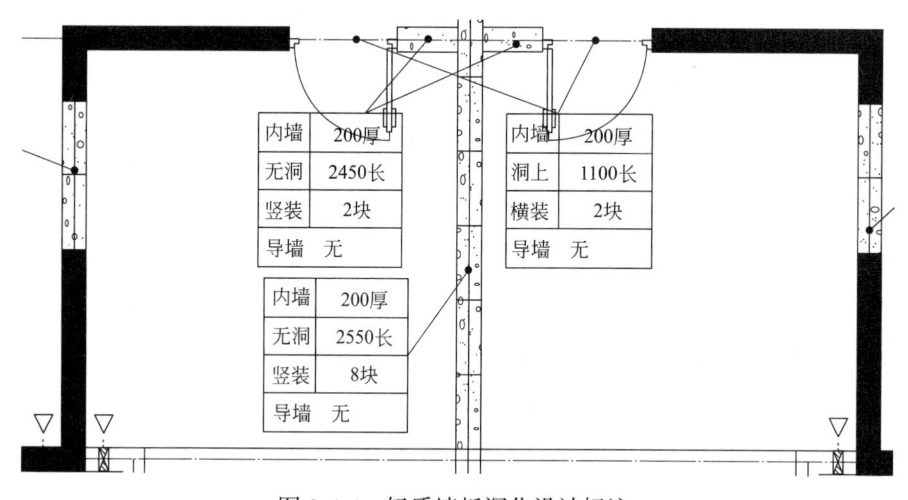

图 2-4-4　轻质墙板深化设计标注

（6）若总设计图纸中没有涉及轻质墙板的板缝和门洞做法，深化设计时应将该部分内容补充完整，并把具体的做法详细表达于深化图纸上。轻质墙板门洞做法节点图如

图 2-4-5 所示。

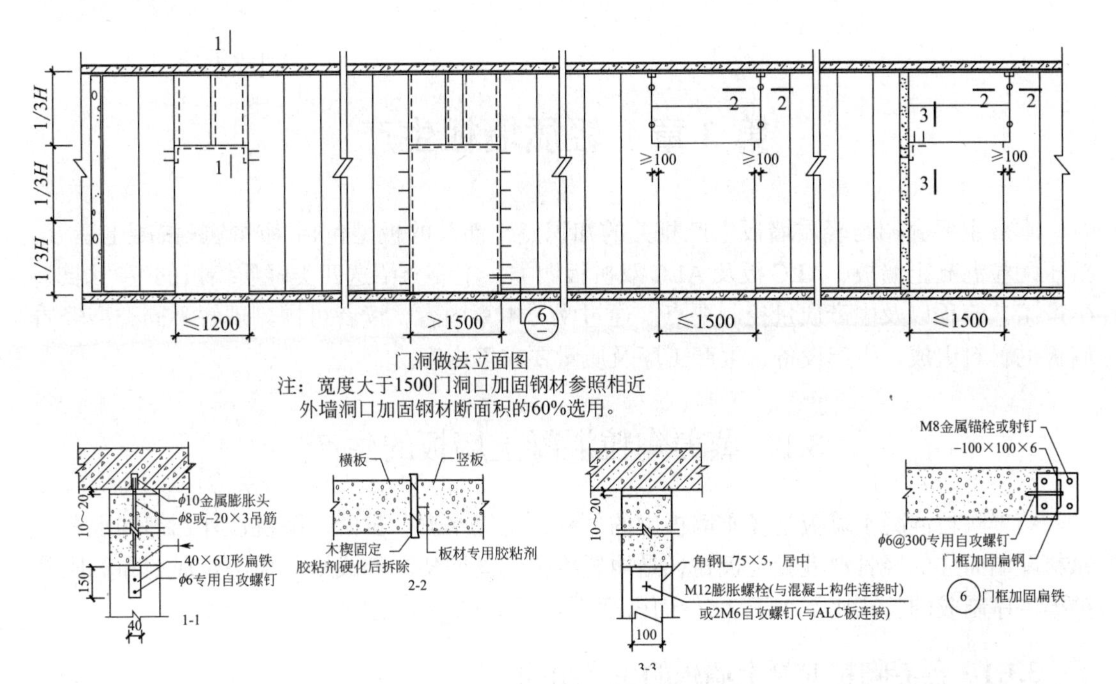

图 2-4-5 门洞做法节点图（mm）

第 3 章　轻质墙板生产

本章主要介绍与轻质墙板生产相关的知识点，涉及的板型包括蒸养陶粒混凝土墙板、挤压陶粒混凝土墙板、ALC 板及 ALC 双拼板四类，主要介绍这四类轻质墙板的生产组织、生产工艺流程以及生产质量控制要点。通过学习本章内容，读者可深刻理解不同类型轻质墙板的材料组成、生产设备、生产工序及质量要求等内容。

3.1　蒸养陶粒混凝土墙板的生产

蒸养陶粒混凝土墙板是轻质墙板中的一种，是以水泥、黄砂、陶粒、外加剂和水等为原料配制而成的轻骨料混凝土板材，是内置冷拔钢丝网架，经成组立模浇筑成型和蒸压养护等工序制成的长宽比不小于 2.5，面密度不大于 $190kg/m^2$ 的空（实）心墙板。

3.1.1　蒸养陶粒混凝土墙板的生产组织

1. 生产计划的制订与安排

1）生产计划编排与下达

墙板生产部门应按照订货合同、施工图纸和深化设计统计所需蒸养陶粒混凝土墙板的规格和数量，并按生产工艺要求对墙板按规格品种进行分类和组合，形成墙板需求计划。

应根据生产情况，合理安排生产计划，确定生产总时间、生产日程及相应的技术经济指标和质量安全措施。下达生产计划时，应根据施工方案、工人技术水平及项目工程现场的安装条件，认真研究确定墙板生产的净长度。通常，“一板到顶”的墙板净长度应为层高减去梁高，再减去墙板上下端的缝厚。同时，应考虑留有生产、运输及安装过程中的墙板损耗以及检测用板的余量。生产部门编排完成的墙板生产计划，须经厂部批准后方可开始实施。

2）生产计划编排时的影响因素

（1）生产季节的影响。

蒸养陶粒混凝土墙板是湿作业生产，温度的变化对其影响较大。蒸养陶粒混凝土墙板拔管时间受生产墙板时的气温影响较大，时机把握不好，会直接影响成品的质量和拔管的效果。生产墙板时的气温会影响脱模时间，气温越低，脱模时间间隔就越长。在混凝土浇筑初期，水化热会使得混凝土表面产生相当大的拉应力，而这时混凝土表面温度比气温要高，如果此时过早拆除模板，表面温度骤降，必然使墙板内部产生温度梯度，从而在混凝土表面产生附加拉应力，与水化热应力叠加，再加上混凝土表面的混凝土胶浆干缩，表面的拉应力将达到很大的数值，就会导致墙板表面出现裂缝。通常在拆除模板后，宜及时在表面覆盖轻型保温材料。另一方面，为了提高混凝土浇筑模板的周转率，要求新浇筑的混凝土墙板尽早脱模。

（2）天气气温的影响。

天气的变化对陶粒混凝土墙板的影响主要反映在温度和湿度的变化会引起陶粒混凝土墙板强度发生变化。

温度升高，会加快水化反应，促进混凝土形成早期强度，但也会造成水分的蒸发加快，能够利用的水分减少，从而延缓水化反应，对混凝土后期强度的形成不利。混凝土表面温度会远远高于大气温度，温度升高时，前期强度没有太大变化，但经过一段时间后，其抗压强度会明显降低。这是因为混凝土中水分的蒸发，会使得骨料和水泥性质发生变化，骨料和砂浆之间的粘结力降低。

湿度的变化会导致混凝土内部含水率的改变，从而改变混凝土的力学性能。混凝土含水率过大，则抗压强度和环压抗拉强度减小，但对劈裂强度的影响较小。干燥混凝土的抗压强度和劈裂抗拉强度会显著增加，但其环压抗拉强度下降很多。

（3）生产周期的影响。

生产时间：从开始准备墙板原材料，到陶粒混凝土墙板出厂为止，这段时间称为生产时间。应根据工程项目的墙板使用量、出厂时间要求及施工进度要求编制墙板供货计划。因墙板需要一定的生产和养护时间，墙板生产计划应该比供货计划提前一个生产养护期和运输时间，据此可编制出墙板的生产计划。

养护时间：从墙板混凝土筑模浇筑结束，进入预养，到墙板养护期满为止，这段时间称为养护时间。这中间包括预养、拔管、初养、终养、脱模、打包及入库等工序。由于蒸压陶粒混凝土墙板的养护是在压力蒸汽养护的条件下进行的，早期墙板混凝土强度较高，一般蒸养结束拆模后就可以出厂了。但这样生产的墙板在安装后容易出现开裂现象，必须入库静置，进行静养。静养时间不固定，随季节和气温的不同而变化。墙板的养护期越长，强度就越高，也越便于墙板的运输和施工，但不利于生产周转和增加产能。通常，当墙板的混凝土强度达到设计强度的70%时，就可以停止墙板的养护，并出厂。所以，夏季墙板的混凝土养护期一般在7d左右，春秋季一般在10d左右，冬季一般在14d左右。编制墙板生产计划时，应适当预留一点生产、运输、安装损耗以及检验测试的备料。

墙板生产的具体要求：通常的陶粒混凝土墙板应内置$\phi 4$的冷拔钢丝网架，具体的做法是纵向设置两片钢筋网片，每片钢筋网的纵向钢筋间距不大于300mm，且不少于3根。横向钢筋间距不大于500mm，墙板大面的两长边要留置粘贴网格布的凹口，墙板侧面要设置凹凸榫槽及C形槽。如用户对墙板生产时间有特殊要求，生产墙板时，要及时调整混凝土配合比及养护时间，以确保墙板出厂时的混凝土强度能满足要求。

2. 原材料组织

1）材料计划与组织

（1）材料采供计划：生产墙板前，应根据生产计划和相关资料及时编制出生产该批次墙板所需全部材料的采供计划。

（2）原材料组织：按照材料采供计划，分门别类地组织材料，水泥、陶粒、黄砂、粉煤灰钢筋及其他材料如图3-1-1～图3-1-6所示。常用的材料及要求如下：

① 水泥可作为墙板混凝土的胶凝材料，一般为强度等级大于42.5级的R型水泥。

② 粉煤灰可作为墙板混凝土的胶凝材料，一般为一级灰。

③ 黄砂可作为墙板混凝土的细骨料，一般颗粒粒径为0.5～2.5mm。

图 3-1-1　水泥

图 3-1-2　陶粒

图 3-1-3　磨细砂

图 3-1-4　河砂

图 3-1-5　冷拔钢丝骨架

图 3-1-6　发泡剂

④ 陶粒可作为墙板混凝土的粗骨料，颗粒粒径为 1～8mm。

⑤ 钢筋一般采用 ϕ 4 的冷拔钢丝。

⑥ 还会用到其他材料与添加剂，如发泡剂和消泡剂。

2）材料验收

（1）材料的验收：主要是检查墙板生产所使用原材料的出厂合格证、型式检验报告、外观观感、规格型号、颗粒粗细及包装情况，同时按规定对原材料进行计量。

（2）材料的检验：主要是检查材料的含水量、含泥量、级配、尺寸、表面平整度、方整及洁净情况，并按规定对墙板材料的物理力学特性进行检测。

3）材料保管与余料清理

（1）材料保管：所有墙板材料必须分门别类进行登记、分仓存放保管，并设置标牌标识清楚。

（2）余料清理：库房内每批次的材料用完以后，必须进行严格的清理，严防遗留材料混入其他材料，造成墙板产品质量隐患和缺陷。

4）材料记账

（1）材料的出入库记录：库房应指派专人负责墙板材料的出入库登记工作。所有墙板材料出入库时，都必须进行严格的登记记录，并建立材料出入库登记台账。

（2）成品出厂登记：成品墙板出厂时，应凭发货员开具的墙板发货单进行登记后放行。所有出厂成品墙板都必须领取墙板出厂合格证后，随墙板到达项目工程现场。

3．生产设施与设备组织

1）生产设施

（1）混凝土搅拌站：墙板混凝土混合料的搅拌设备。

（2）振动筛：黄砂、陶粒等颗粒材料筛分用具，用以筛除不符合要求的材料颗粒。

（3）运料斗：混凝土拌料的运输用具。

（4）混凝土浇筑模台：用于放置成组立模设备，并将成组立模运到相应的生产操作位置。

（5）振动成型设备如图 3-1-7 所示。

（6）输送系统，按生产需要和工序安排将混凝土浇筑模台运送至需要的位置，如图 3-1-8 所示。

图 3-1-7　振动成型设备

图 3-1-8　墙板运输系统

（7）清理机：清理模具内的混凝土残渣。

（8）喷油机：喷涂隔离剂。

（9）养护室：进行墙板混凝土的蒸汽预养及初养。

（10）叉车：进行场内墙板的短途运输。

（11）铲车：进行场内墙板混凝土原材料的翻转、上料。

（12）成组立模：浇筑墙板混凝土，并使其成型，如图 3-1-9 所示。

（13）液压自动穿芯、抽芯机：用于成型芯管的穿管 / 拔管，如图 3-1-10 所示。

图 3-1-9　成组立模

图 3-1-10　液压自动穿芯、抽芯机

图 3-1-11　成型芯管

（14）成型芯管：用于墙板混凝土中芯孔的成型，如图 3-1-11 所示。

（15）上面成型机：用于成组立模上表面混凝土凹凸槽及 C 槽的成型。

（16）表面破泡机：用于消除墙板混凝土表面的气泡。

（17）蒸养房：用于墙板混凝土的预养及初养的设施，如图 3-1-12 所示。

（18）蒸压釜，用于加气混凝土砌块、微孔硅酸钙板、新型轻质墙体材料等建筑材料的蒸压养护，如图 3-1-13 所示。

（19）合板翻板机：用于墙板的翻板作业。

（20）摆渡车：用于模台的变轨输送。

图 3-1-12　蒸养房

图 3-1-13　蒸压釜

（21）可控布料机：是将墙板混凝土均匀注入成组立模的设备，如图 3-1-14 所示。

（22）钢筋成型机：用于钢筋的调直、断料与起弯，使得加工后的钢筋能满足生产所需要的尺寸和形状。

（23）钢筋焊接机：用于钢筋的焊接、点焊及碰焊，使钢筋网片及钢筋笼固定成型。

图 3-1-14　布料机

2）机械设备的调配

应根据墙板的生产计划确定当日所生产墙板的规格、型号及其生产产量，再确定各类机械开机的组合和配置台数，做到人、机、物合理调配，避免窝工和机料浪费。

3）机械设备的保养

工前安排当班操作工进行试机，检查机械设备的运行状态，同时调整、设定设备操作参数，并进行试生产加以检验，确保机械设备在生产运行过程中处于良好状态。

工后必须进行机械设备的清理、维护及保养，检查机械设备各部分的使用情况，确保机械设备各部分都处于良好的状态。如发现有不正常的机械设备，应立即进行报修。

4. 生产技术管理

1）主要内容

墙板生产技术管理的主要内容有生产工艺流程的持续改进、生产工序的持续优化、操作规程的制订与执行、岗位技术培训、技术交底、生产资源配置、成本控制、原材料配比的调整与优化、生产过程的巡视与检查、检验墙板产品、解决生产问题以及方案的实施与反馈等。

2）生产流程控制要求

在生产过程中，应严格进行生产流程控制，按墙板生产流程设计、组织墙板的生产，规范每天的工前技术交底，持续优化工序流程，加强工序质量控制，增强安全生产意识，明确常见生产问题的预防措施、解决方案和注意事项，认真开展生产过程的车间与班组两级自查自检工作。

3）生产技术参数的确定

（1）根据国家和企业墙板生产技术标准和质量手册规定，制订生产原材料的技术参数、机械设备控制参数及生产操作控制指标。

（2）制订墙板生产半成品和成品的检查与验收指标。

4）组织技术交底

建立生产技术交底制度。组织厂部对车间、车间对班组及班组对操作工人逐层逐级进行生产技术交底。每天工前应进行当日生产技术交底。通过生产技术交底，让工人对所要生产的墙板产品的各项要求熟记于心。技术交底的主要内容有以下几点：

（1）生产工艺流程。

（2）生产工序安排。

（3）主要生产资源配置及其技术参数要求。

（4）生产技术控制要点及其技术参数要求。

（5）各生产岗位操作要求与技术要点。

（6）墙板产品检查、验收要求。

（7）常见问题的防治措施。

（8）安全生产相关要求。

5）生产过程控制

在生产过程中，应严格按墙板生产操作规程、规范组织墙板生产，规范每天的工前技术交底，落实工序质量与安全生产工作，避免发生常见质量的问题，在生产过程中进行车间与班组的两级自查自检工作，规范墙板生产的统计工作。

5. 厂内运输与库房管理

1）厂内运输

混凝土墙板打包完毕，应由叉车送到库房或堆场码放。叉车叉板时，叉杠应叉在墙板中间部位，叉起的墙板两边应对称。叉运时，应注意避免墙板受到碰撞。

图 3-1-15 蒸养陶粒混凝土墙板的码放

2）厂内堆放

（1）墙板应按规格、品种分区码放。每垛墙板不可堆得太高，一般不超过 3 层。

（2）每层墙板及堆垛下方都应用方木进行垫放，每层两根，平行放置。应将方木搁置于墙板长向的四分之一处，上下层之间的垫木应保持在上下一致的垂直位置上，蒸养陶粒混凝土墙板的码放如图 3-1-15 所示。

3）墙板的产品标识

（1）墙板产品自身的标识：墙板上应有醒目的文字标识，主要包括墙板名称、规格型号、生产厂家、生产日期。

（2）墙板码放堆场分区的标识：为提高库房与堆场的利用率，方便墙板进场堆放与出厂装车，应对堆场进行规划、分区和标识，并对进出堆场的墙板进行分区登记，形成库房墙板库存记录。

3.1.2 蒸养陶粒混凝土墙板生产的工艺流程

1. 生产准备

蒸养陶粒混凝土墙板是以水泥和粉煤灰为胶凝材料，以轻质高强的陶粒为粗骨料，黄沙、细石及陶砂等为细骨料，以加气剂、消泡剂和减水剂等为添加剂，经搅拌、浇筑成型，内置钢筋骨架，经蒸养蒸压养护而制成的一种轻质条形墙板。

1）主要生产材料

蒸养陶粒混凝土墙板的主要生产材料为水泥、黄砂、粉煤灰、炉渣和陶粒等。各种材料的指标见表 3-1-1。

蒸养陶粒混凝土隔墙墙板主要材料的指标　　表 3-1-1

序号	材料名称	规格型号	指标	备注
1	水泥	强度等级大于 42.5 级的 R 型水泥	3d 抗压强度≥ 5%，28d 抗压强度≥ 42.5MPa，初凝时间≥ 45min 且≤ 10h	使用前，先进行抽样复试，合格后方可使用
2	粉煤灰	一级灰	—	—
3	黄砂	Ⅱ类砂	含泥量≤ 5%，松散堆积密度 1350kg/m^3	使用前，用筛孔为 1.28mm 的筛子过筛。砂中不得含有泥块
4	细石（石屑）	粒径：2～5mm	连续级配：针片颗粒 <25%，含泥量 <1.5%，泥块含量 <0.7%	石子必须清洁无杂物
5	陶粒	粒径：2～8mm	—	—
6	发泡剂（引气剂）	—	—	—
7	消泡剂	—	—	—
8	减水剂	—	—	—
9	冷拔钢丝	ϕ4mm	—	—

专用粘结砂浆是以水泥为胶凝材料，以黄砂为细骨料（图 3-1-16），掺入羟丙基甲基纤维素（图 3-1-17）等添加剂，经充分搅拌制成的干拌胶浆。专用粘结砂浆主要用作墙板与墙板之间以及墙板与周边的混凝土梁柱、砌体之间的接缝剂和塞缝剂，也可用作批贴耐碱玻璃纤维网格布的胶泥。在专用粘结砂浆中添加适量的水，经搅拌后，即可使用。

图 3-1-16　干燥黄砂

图 3-1-17　羟丙基甲基纤维素

2）生产技术要求

蒸养陶粒混凝土墙板基本规格应符合表 3-1-2 的要求。

蒸养陶粒混凝土墙板基本规格　　表 3-1-2

厚度 T/mm	宽度 B/mm	长度 L/mm	备注
100	595	2000～3200	墙板钢筋（丝）网架要求：钢筋网架应由不小于 ϕ4.0mm 的冷拔钢丝焊接而成。网架的厚度等于板厚减去 20mm。网架钢筋（丝）的纵向根数不少于 3 根，间距不大于 300mm，箍筋间距不大于 500mm
120	595	2000～3200	
150	595	2000～3200	
200	595	2000～3200	

蒸养陶粒混凝土墙板的性能指标应符合表 3-1-3 的要求。

蒸养陶粒混凝土墙板的性能指标　　表 3-1-3

序号	项目	指标			
	板厚 /mm	100	120	150	200
1	抗冲击性能 / 次	≥ 5	≥ 5	≥ 5	≥ 5
2	抗弯破坏荷载（板自重倍数）	≥ 1.5	≥ 1.5	≥ 1.5	≥ 2
3	抗压强度 /MPa	≥ 5.0	≥ 5.0	≥ 5.0	≥ 5.0
4	软化系数	≥ 0.85	≥ 0.85	≥ 0.85	≥ 0.85
5	面密度 /（kg/m^2）	≤ 110	≤ 140	≤ 160	≤ 190
6	含水率 /%	≤ 5.0	≤ 5.0	≤ 5.0	≤ 5.0
7	干燥收缩值 /（mm/m）	≤ 0.4	≤ 0.4	≤ 0.4	≤ 0.4
8	吊挂力 /N	≥ 1000	≥ 1000	≥ 1000	≥ 1000
9	空气声隔声量 /dB	≥ 35	≥ 40	≥ 45	≥ 47
10	耐火极限 /h	≥ 1.0	≥ 1.0	≥ 2.0	≥ 2.0
11	传热系数 /［W/（m^2·K）］	—	≤ 0.343	≤ 0.342	≤ 0.387

注：1. 对于分户墙和楼梯间墙等有传热系数限制要求的墙板，应检测传热系数。
2. 表 3-1-3 所列参数主要参考了江苏省工程建设标准设计《轻质内隔墙构造图集》（苏 G 29—2019）。

3）人员安排

应按生产工序的编排设置生产劳动岗位和职数，进行岗前培训与生产交底，按班次进行生产。

4）生产工艺设计

蒸养陶粒混凝土墙板是一种以水泥与粉煤灰为胶凝材料，以黄砂和陶粒等细骨料机制（注模）成型，再经蒸压养护的混凝土隔墙板。蒸养陶粒混凝土墙板包括空心板和实心板两种。其制作是在 45～60℃的温度下，经 5～6h 的常压蒸汽养护；再在 80℃的温度下，经 4～5h 高压蒸汽养护，最后自然养护 3～5d。蒸养陶粒混凝土墙板达到养护龄期后方可安装。

2. 生产工艺流程

1）生产工艺流程框图

蒸养陶粒混凝土墙板生产工艺流程如图 3-1-18 所示。

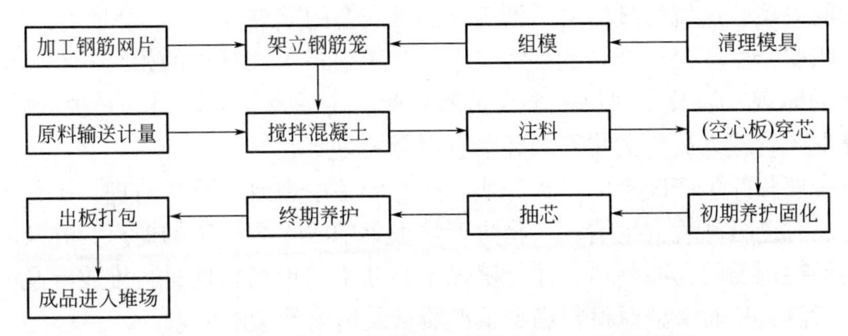

图 3-1-18　蒸养陶粒混凝土墙板生产工艺流程图

2）主要生产控制指标

蒸养陶粒混凝土墙板外观质量要求与尺寸允许偏差分别应满足表 3-1-4 和表 3-1-5 的要求。

蒸养陶粒混凝土墙板外观质量要求表　　**表 3-1-4**

检验项目	控制指标
板面外露筋、飞边毛刺，板面泛霜，板的横向、纵向、厚度方向贯通裂缝	不允许
板面裂缝（长 50～100mm，宽 0.5～1.0mm）	每块板不多于 2 处
蜂窝气孔（长径 10～30mm）	每块板不多于 3 处
缺棱掉角（宽 × 长：10mm×25mm～20mm×30mm）	每块板不多于 2 处
表面露陶粒	不允许
芯孔	圆整、无塌落

蒸养陶粒混凝土墙板尺寸允许偏差表　　**表 3-1-5**

项目	允许偏差 /mm
长度	±5
宽度	±2
厚度	±1.5
板面平整度	≤2
对角线差	≤6
侧向弯曲	≤ *L*/1000
榫头宽	0，−2
榫头深	0，−2
榫槽宽	+2，0
榫槽深	+2，0

3. 生产保障措施

1）职业健康与文明安全生产保障措施

企业的产品质量不仅取决于产品的原材料、生产工人的技术和工作责任心，还与生产环境有很大的关系，这就彰显出文明施工与健康安全的重要性。

（1）文明安全生产是一个系统工程，它贯穿于墙板生产管理的始终。它是生产现场综合管理水平的体现，涉及车间每一个人员的生产、生活及工作环境，是生产质量的保证。因此，增强生产管理人员的文明安全健康意识至关重要。

（2）应合理归并生产废弃的墙板碎块，把它们集中堆放并及时清理，不得出现无人过问的现象。及时进行环境卫生清理，将生产垃圾集中收集至指定的地点，并及时运出生产现场，时刻保持现场的文明整洁，才能确保不会在生产现场出现材料堆放混乱的现象，避免材料混杂不清，从而保证原材料满足生产质量及精确计量的要求。

（3）在生产过程中，员工应自觉地形成环保意识，要创造良好的生产工作环境，最大限度地减少施工产生的杂物、扬尘与噪声造成的环境污染。参与生产设备的噪声均应控制在国家和政府有关环保规定所允许的范围内。

（4）制订文明施工制度，划分环卫包干责任区，做到责任到人。生产班组长必须对班组作业区的文明现场负责。坚持“谁作业谁清理”的原则，做到下班前工完场清。

（5）应及时清理干净胶浆、混凝土和砂浆等在生产现场内的遗、漏、抛和洒物。应采用料盘盛装生产车间内的黄砂和炉渣等松散颗粒材料，以免污染车间生产环境。

（6）对于容易产生粉尘的切割机等设备，应加装吸尘装置，以减少对生产环境的污染。

（7）生产人员应语言文明，行为举止合乎社会习俗，佩戴安全用品，穿戴整洁，保持生活卫生和良好形象。

2）技术保障措施

（1）加强墙板产品的实体质量的管理与控制。首先，应制订生产组织保证措施。生产部经理、副经理及技术负责人员直接进驻生产一线，加强对生产质量的管控，以确保墙板生产质量一次成优。其次，加强技术交底，强化生产现场的技术指导，加强操作工培训。再次，坚持标准化作业，规范生产作业，减少作业误差，并确保产品满足质量要求。最后，加强验收检查力度，发现问题后，应及时分析处理，制订解决问题的方案、措施，并整改到位，保证将产品质量控制在预定的目标之上。

（2）严格按操作流程和技术标准进行生产。确保原材料计量准确，搅拌均匀，浇筑、振动速度均匀，确保墙板混凝土生产质量到位。

（3）牢固树立质量意识，认真组织墙板的生产。加强对墙板生产质量的管理，加强对材料的验收力度，保证混凝土的配比和对墙板的精心养护，确保板材生产养护的质量到位。

（4）严格按规定的时间对墙板进行养护。根据季节变化及时调整养护时的蒸汽压力、温度及时间，适当延迟出厂时间，使混凝土有较充分的静置养护时间。

（5）在厂内运输墙板时，应尽量避免墙板混凝土受到碰撞和振动。

3）生产组织措施

（1）强化墙板生产组织过程控制，改善生产组织运行质量。积极深入现场，及时协调解决制约墙板生产的不利因素，特别要注意的是，应对设备故障处理的进度和维修质量进行跟踪和督促，可有效提高生产运行质量；注重对当班调度的安全生产进行巡检管理，如实记录各机台的运行速度，并对运行速度不达标的机台进行原因分析及协调处理；加强各机台的开停机及交接班监督管理，提高整体生产的积极性，保障生产运行高效。

（2）加强原材料的质量与计量控制，安排专人每天对材料的采购、运输、保管及使用的情况进行质量跟踪和信息搜集，特别是对制约生产质量和影响供货时间出现的问题，应及时协调解决；对于质量不合格的原材料，应立即退回，避免其流入生产工序，必须确保生产质量达标。

（3）优化生产组织管理，降低材料损耗，加强生产各部门的信息沟通。结合墙板生产情况，做好日常生产计划的调整、下达及过程监控工作，同时和设备部门进行沟通，利用日常换班间隙做好生产设备的预检预修工作，可有效降低换机频次和故障停机时间。

（4）注重对各岗位人员的质量意识引导，增强日常生产质量管理的认同感。针对当前墙板生产的质量问题，要求质检人员加强过程的质量巡检，针对存在的质量问题，向岗位人员做好质量管理制度的宣贯和质量控制措施的调整，为确保墙板生产质量做好服务保障工作。

3.1.3　蒸养陶粒混凝土墙板生产的质量控制

蒸养陶粒混凝土墙板生产过程中质量控制的重点是预防和避免发生常见的质量问题。

1. 蒸养陶粒混凝土墙板生产中的常见质量问题

结合对长三角地区蒸养陶粒混凝土墙板的调研情况，本书总结了其生产中几类常见的质量问题，分别为蜂窝气孔、板面露筋、收缩裂缝、缺棱掉角、贯穿裂缝、墙体表面开裂等。

1）蜂窝气孔

蜂窝气孔是指长径在 5～30mm 范围内的气孔。根据国家标准要求，每块板上的气孔数量不得大于 3 处，该类缺陷出现频次高，是墙板主要的外观质量缺陷。根据蜂窝气孔的表现形式来看，该类质量缺陷的成因主要有两点。一是生产过程中搅拌不充分，存在部分夹生料而导致硬化后薄弱部分形成塌陷，从而形成孔洞；二是陶粒混凝土配合比设计不合理，引气过量，或者引入气泡的稳定性较差，以及严重泌水导致大气孔增加。该类质量缺陷主要影响墙板外观。

2）板面露筋

板面露筋是指蒸养陶粒混凝土墙板内部钢筋网片因生产工艺等原因造成的钢筋保护层过薄以致钢筋外露的现象。蒸养陶粒混凝土墙板钢筋网架结构一般由不小于 $\phi4.0$ 的冷拔低碳钢丝网采用点焊机焊接而成。钢筋网架厚度比墙板小 20～30mm，一般用于提高墙板的抗弯承载能力，其混凝土保护层厚度不小于 10mm。露筋现象多出现于墙板表面或端部接缝处，产生的主要原因为钢筋网架布置位置有偏差，或陶粒混凝土浇筑及振捣过程造成钢筋网架移位。一方面外露钢筋锈蚀造成拼缝砂浆粘结强度降低，增加了沿缝开裂的风险。另一方面，钢筋网片的锈蚀破坏也会降低墙板的抗弯承载能力，从而增加了使用过程中的安全风险。

3）收缩裂缝

收缩裂缝是指陶粒混凝土在硬化过程中因含水量和温度等因素的变化引起体积的不均

匀变形进而形成的裂缝。蒸养陶粒混凝土墙板允许出现一定数量长度和宽度均在许可范围内的少量收缩裂缝。一般要求裂缝的最大宽度不得大于 0.3mm，同时长度在 50～100mm 之间的裂缝不得多于 2 处，低于此下限的裂缝可忽略不计。由于蒸养陶粒混凝土墙板采用吸水性较大的多孔质骨料，并引入部分气泡，使得陶粒混凝土的塑性收缩和干燥收缩均比普通混凝土大，加上陶粒预湿不充分和夏季高温天气养护不到位，往往也是造成墙板收缩裂缝的主要原因。墙板收缩裂缝主要影响墙板外观，同时也因水和二氧化碳的进入而加速其碳化，从而造成钢筋锈蚀，严重时也会对墙板抗弯承载能力有一定影响。

4）缺棱掉角

缺棱掉角主要指构件沿墙板边角的材料缺损，且缺损部分长度 × 宽度在 10mm×25mm～20mm×30mm 之间，出现频次要求为每块板少于 2 处。缺棱掉角现象主要由墙板拆模时机不合理、养护不到位、出厂时未形成足够强度、搬运或堆放时操作不规范等因素导致。该类缺陷主要影响墙板安装时拼缝砂浆的饱满度，从而影响墙板拼缝的连接效果。另外，缺棱掉角尺寸较大时，会影响墙板强度以及钢筋保护层厚度。

5）贯穿裂缝

不同于墙板板面收缩裂缝，贯穿裂缝对墙板的使用性能影响较大，墙板进场及安装后均不得出现贯穿裂缝。贯穿裂缝的成因较为复杂，一般来说，在陶粒混凝土尚未形成足够强度时进行搬运等操作，会造成墙板的受力破坏，这类贯穿裂缝多发于生产旺季，裂缝一般沿宽度方向对称分布，以墙板长度的 1/4 和 3/4 处居多，但此类问题的出现频次较低。由于后期墙板安装时工艺间歇时间不足，或者由于拼缝砂浆与陶粒混凝土的收缩特性和热膨胀系数差异而产生的裂缝，多发生于墙板安装后 3～6 个月，出现频次较高，且交付后仍有发生，这是当前蒸养陶粒混凝土墙板的推广应用所面临的主要技术难题。

6）墙体表面开裂

蒸养时间不足，会引起墙板混凝土早期强度低，后续作业破损大，墙板安装后墙体表面容易出现裂缝。

2. 蒸养陶粒混凝土墙板生产质量问题控制措施

1）加强陶粒混凝土配合比设计优化

陶粒混凝土配合比设计是钢筋陶粒混凝土墙板质量控制的源头，陶粒混凝土配合比对其强度、抗裂性能及表观质量均有直接影响。首先，应选择合适的水泥品种和优质粉煤灰作为胶凝材料，严格控制胶凝材料总量和水胶比，并掺入适量纤维，确定合理的添料顺序，保证搅拌均匀。其次，选择颗粒级配好且筒压强度高的陶粒，并设置合理的预浸湿时间，提高陶粒混凝土的内养护效果，减少陶粒表面的收缩开裂现象。另外，应选择引气效果好、稳泡时间长，气泡直径小而匀的引气剂，引气量要经过反复试验验证，减少墙板表面的蜂窝气孔现象，提高墙板外观质量。最后，要重视陶粒混凝土的工作性能，减少陶粒离析和浆体泌水的现象，提高陶粒混凝土的整体性能和填充性能，从而减少墙板表面蜂窝和孔洞等质量缺陷。

2）注重陶粒混凝土材料的选择

在生产蒸养陶粒混凝土墙板时，应慎重挑选制作材料。避免使用便宜的抗裂性能不好的原材料，同时提高生产技术，避免生产出抗裂性能差的蒸养陶粒混凝土墙板。在材料、技术和管理上加大研究力度，统筹全面因素，尽最大可能改进蒸养陶粒混凝土墙板的抗裂性能问题，给墙板用户提供高质量的产品。从生产材料到产品包装，仔细认真地做好每一项工作，尽量生产出高质量的产品。

3）严格控制陶粒混凝土制作材料配比

每一种材料在制作过程中都需要严格控制好原材料之间的配比，这有利于制造出高质量的陶粒混凝土。要拿捏好水泥、陶粒、陶砂、砂、水、粉煤灰及外加剂等之间的配比，一旦其中一种或几种原材料比例过高或者过低，都会严重影响到陶粒混凝土自身的质量。应根据科学的生产原料比例来进行配比，把配比的误差控制在最小的范围内。优化设计并试配陶粒混凝土，按科学配合比拌成陶粒混凝土拌合物，尤其是应把粉煤灰的掺量控制在30% 以内，其最大粒径不应大于 10mm，同时控制粉煤灰的烧失量及细粉量，以降低拌合物的含水率。

4）制定合理的养护制度

良好的养护制度可以提高陶粒混凝土的强度，可有效降低混凝土早期因收缩而产生的裂缝。陶粒混凝土预养护时间要经过试验确定，避免因过早拆模造成陶粒混凝土棱角破坏和在吊运过程中的受力破坏。洒水养护时，要注意洒水养护频率，避免表面干燥后才洒水，夏季宜采用喷淋养护，不得采用围水养护。在日平均气温低于 5℃时，不得采用洒水养护，应采取保温保湿措施。

5）建立高效沟通机制，提高建筑工业化水平

随着建筑业装配化水平的不断提高，产业链之间的相互融合越来越紧密，构件生产企业服务范围进一步延伸。因此，设计、生产和施工各环节之间需要建立高效的沟通机制，充分利用装配式建筑产业信息化共享服务平台，实现蒸养陶粒混凝土墙板基于 BIM 的设计、生产及装配阶段的协调应用，根据户型进行定制化生产和施工，从而减少生产、运输和安装等过程的材料损耗，保证设计效果和安装质量。

6）严格控制

应严格按工艺流程相关规定和生产技术标准进行墙板混凝土的蒸养工作，墙板混凝土的养护时间要充足，以提高其的早期强度。

3.2 挤压陶粒混凝土墙板的生产

3.2.1 挤压陶粒混凝土墙板的生产组织

1. 生产计划安排

1）生产计划编排与下达

生产部门编排完成的墙板生产计划经厂部批准后开始实施。

2）影响生产计划编排的因素

（1）生产季节的影响。

由于挤压墙板一般都是在室内或者室外的场地上，以地模的方式组织生产，室内场地地模挤压墙板生产如图 3-2-1 所示。因挤压墙板的生产受自然界温度和湿度变化的影响较大，所以，在挤压陶粒混凝土墙板的生产过程中，应该特别注意季节变化对墙板生产的影响。在夏季，由于气温较高，混凝土内部产生水化热，加之挤压墙板混凝土本身就是少水

混凝土，墙板混凝土在挤压成型后，混凝土表面的水分受到高温的作用后容易蒸发掉，导致混凝土表面胶浆中的水泥无法水化形成水泥石，从而降低了混凝土表面的强度，同时引起相当大的表面拉应力，容易引起混凝土的干缩裂缝，所以在生产中必须进行及时浇水养护。在冬季，由于气温较低，如果没有及时对混凝土墙板进行覆盖，其表面温度骤降，必然引起温度梯度，从而在表面产生附加拉应力，进而引起冷缩，再加上混凝土表面水分散发引起了混凝土胶浆干缩和表面拉应力的增大，就有导致挤压墙板表面产生裂缝的危险。同时，由于气温低，墙板混凝土的固化速度变慢，混凝土早期强度低，因此也应适当推迟起板时间，延长墙板混凝土在地模上的养护时间，以提高起板时的墙板混凝土强度。

图 3-2-1　室内场地地模挤压墙板生产

混凝土凝聚时间在挤压墙板生产中有着重要意义，初凝时间不宜过短，终凝时间不宜过长。为了提高挤压陶粒混凝土墙板生产场地的周转率，要求新挤压成型的混凝土墙板能尽早起板，但此时新成型的混凝土强度较低，会在墙板表面引起非常大的拉应力，出现墙板表面开裂的现象。所以，当气温较低时，就要适当考虑延迟起板时间，待墙板混凝土达到一定的强度时再起板，以避免引起墙板表面的早期裂缝。

一般在室外温度低于 5℃时，不宜在室外进行挤压墙板的生产。如必须进行挤压墙板的室外生产时，应采取防止混凝土受冻的措施。一般做法是在墙板混凝土中掺入适量的防冻剂，防冻剂性能应符合相关规定。

（2）天气气温及湿度的影响。

天气的变化对挤压陶粒混凝土墙板的影响主要反映在温度与湿度的变化引起的墙板混凝土强度变化上。

如果是室外露天生产，自然温度的变化对墙板混凝土的凝固影响很大。自然温度升高，会加快水化反应，在促进混凝土形成早期强度时，也会造成混凝土水分的加速蒸发，从而引起墙板表面的失水，并延缓混凝土的水化反应，对混凝土后期强度的形成产生不利的影响。通常，混凝土表面温度会高于大气温度很多，温度升高时混凝土的前期强度没有太大变化，但当经过一段时间后其抗压强度会明显降低。这是因为混凝土中水分的蒸发，会使得骨料和水泥性质发生变化，从而导致骨料和砂浆之间的黏结力降低。

同样，湿度变化会导致混凝土内部含水率的改变，从而改变混凝土的力学性能，抗压强度和环压抗拉强度会下降很多。

（3）生产周期的影响。

生产周期涉及生产时间和养护时间两个因素。

一般来讲，从开始准备墙板原材料，到墙板混凝土挤压成型为止，这段时间称为生产时间。应根据挤压墙板生产工艺、工程项目的墙板安装要求、墙板使用量以及总包方的施工进度要求，编制墙板供货计划。考虑到挤压墙板的生产需要适当的生产和养护时间，墙板生产计划应该比供货计划提前一个生产养护期和运输时间。

从墙板混凝土挤压成型开始到墙板养护期满出厂为止，这段时间称为养护时间。其中包括浇水养护、断板、起板、打包、搬运、入库等工序。养护时间一般不是固定的，随季节和气温的不同而变化。挤压墙板的养护期越长，强度就越高，越便于墙板的运输和施工，但不利于生产周转及产能的增加。通常，当墙板的混凝土强度达到设计强度的70%时，就可以停止养护出厂。所以，夏季墙板的混凝土养护期一般在14d左右，春、秋季一般在21d左右，冬季一般在28d左右。编制墙板生产计划时，应适当预留些由于生产、运输、安装及设计变更产生的损耗备料。

3）挤压陶粒混凝土墙板的养护要求

墙板混凝土浇水养护时间点控制如表3-2-1所示。

浇水养护时间点的控制 **表3-2-1**

作业季节	混凝土浇捣后首次浇水的时间间隔/h	非首次浇水/次	
		白天	夜间
夏季	3	早、中、傍晚	9点
春、秋季	5	早、晚	—
冬季	7	中午	—

挤压墙板浇水养护时，应注意以下事项：

① 浇水工应控制水管出水水头不大于1m，出水口高度在0.7m左右，保持出水方向为水平偏下，同时扫过左右两个方向。

② 浇水工应站在墙板间的地面上操作，不得站在板面上操作。

③ 行走速度（浇水量）应控制在以板面湿润不流淌为宜，做到小水慢淋、一次而过、匀速向前移动。

④ 浇水养护周期一般为7d。

⑤ 浇水养护用水应为干净水，水温应控制在低于混凝土表面温度15℃以内。

⑥ 气温在5℃以下时，不得浇水养护。

⑦ 遇到夏天酷暑、冬天严寒天气时，应采用覆盖措施。

4）断板时间的确定

断板就是按工程所需的单块墙板的长度进行切割下料。一般来讲，墙板断板过早，混凝土强度过低，容易造成墙板损伤；墙板断板过迟，混凝土强度过高，易造成墙板切割困难。通常，当墙板的混凝土强度达到设计强度的30%时，即可断板。夏季挤压墙板混凝土的断板时间一般在养护完成后1d左右，春、秋季一般在1.5d左右，冬季一般在2d左右。

5）起板时间的确定

与墙板混凝土的养护相似，起板时间一般也不是固定的，随季节和气温的不同而变化。通常，当墙板的混凝土强度达到设计强度的50%时，即可起板。所以，夏季挤压墙板的起板时间为当混凝土养护完成后的1.5d左右，春、秋季在2d左右，冬季在2.5d左右。

6）墙板生产的具体要求

通常，挤压陶粒混凝土墙板的生产可在混凝土内纵向放置双层2根ϕ4的冷拔钢丝；墙板正反两面的纵向两边要设置带粘贴网格布的裁口，裁口深度1mm，宽度30mm（图3-2-2）；墙板侧面带凹凸榫槽或者C形槽；随着生产工艺水平的提高，目前很多厂家都生产带实心边孔的门边板及门头板。

图3-2-2　墙板裁口构造图示

2．原材料组织

1）材料计划与组织

（1）材料计划：应根据生产计划，及时编制出主要及辅助生产材料供应计划。

（2）原材料的组织包括以下内容：

① 水泥，作为墙板混凝土的胶凝材料，一般为强度等级大于42.5级的R型水泥。

② 炉渣，作为墙板混凝土的细骨料，其颗粒粒径0.5～3.0mm，如图3-2-3所示。

③ 陶粒，作为墙板混凝土的粗骨料，其颗粒粒径1～8mm，如图3-2-4所示。

④ 钢筋，一般采用ϕ4的冷拔钢丝。

2）材料验收

（1）材料的验收：挤压陶粒混凝土墙板生产所需原材料的验收方式主要是检查材料的出厂合格证、规格型号、尺寸、颗粒粒径、级配情况、材料整洁情况及包装情况，同时对原材料进行计量。

（2）材料的检验：材料的检验主要是检查材料的含水量、含泥量、级配、表面洁净情况及规格品种，以及按规定必须进行的检测试验。

3）材料保管与余料清理

材料保管：所有材料必须分门别类进行存放，并设置标牌及标识，标注要清楚。

图 3-2-3　炉渣

图 3-2-4　陶粒

余料清理：库房内的本批次的材料用完以后，必须进行严格的清理，严防遗留材料混入其他规格材料，造成产品质量的隐患及缺陷。

4）材料记账

（1）材料的出入库记录：库房应指派专人负责材料出入库登记工作。所有材料出入库都必须进行严格的登记记录，建立好材料出入库保管台账。

（2）成品出厂登记：墙板成品出厂应进行登记。所有出厂墙板都必须严格做好登记记录，同时发放墙板产品的出厂合格证，并建立好墙板出厂台账。

3. 生产设施与设备组织

1）生产设施

挤压陶粒混凝土墙板涉及以下生产设备（图 3-2-5～图 3-2-15）：

（1）混凝土搅拌设备，用于原材料的计量、混凝土的搅拌及传送。

（2）振动筛，颗粒材料的筛分用具，用于进行颗粒级配检测。

（3）上料斗，用于搅拌机上料。

（4）叉车，进行场内墙板的运输。

（5）运料车，厂内混凝土混合料运输用车。

（6）铲车，进行场内混凝土原材料的铲运及翻转。

（7）切割机，按工程需要的墙板长度进行混凝土墙板坯体的裁切。

（8）墙板挤压成型机，用于将混凝土拌合料挤压成混凝土墙板坯体。

（9）水泥罐，用于存储水泥。

（10）起板车，用于起板并运板至打包处。

（11）运板拖挂货车，用于将打包好的墙板运至施工现场。

2）机械设备的调配与保养

（1）机械设备的调配：根据生产计划，确定当日墙板生产的规格、型号及产量，再确定各类机械开机的组合和台数，做到人、机、物合理调配，避免窝工和机料浪费。

（2）机械设备的保养：工前安排试机，检查机械设备的运行状态，同时调整、设定设备操作技术参数，并通过试生产加以检验，确保操作准确无误。工后应进行设备的清理与保养，使得设备各部分都处于良好的工作状态。如发现有工作异常的设备，应立即进行报修。

图 3-2-5　墙板混凝土搅拌设备

图 3-2-6　振动筛

图 3-2-7　上料斗

图 3-2-8　叉车叉运混凝土混合料

图 3-2-9　运料车

图 3-2-10　铲车

图 3-2-11　切割机

图 3-2-12　墙板挤压成型机

图 3-2-13　水泥、粉煤灰储罐

图 3-2-14　起板车

图 3-2-15　运板拖挂货车

4. 生产技术管理

1）生产技术管理的主要内容

墙板生产技术管理的主要内容有生产工艺流程的持续改进、生产工序的持续优化、操作规程的执行、岗位技术的培训、生产技术的交底、生产资源的配置与原材料配比的调整、生产过程的巡视与检查、问题的反馈与改进以及生产的统计与分析等。

2）生产流程与技术交底

在生产过程中，应严格按墙板生产流程规范组织墙板的生产，确保每日工前的技术交底，增强工序质量及安全生产意识，明确常见质量问题的解决措施和注意事项。

3）生产技术参数的确定

应根据国家和企业墙板生产技术标准和质量手册的规定，制订生产原材料的技术参数、机械设备的控制参数以及生产操作的控制指标。

制订墙板生产半成品及成品的检查、验收标准和技术指标。

4）生产过程控制

在生产过程中，应全面落实工序质量与安全生产工作，避免发生质量问题，同时应组织人员进行生产过程的车间及班组的两级自查与自检工作，并加强生产统计与分析。

5）生产改进与提高

对生产产品的改进与提高：应通过生产管理不断提高墙板产品的质量，及时发现墙板自身、生产操作及工艺流程存在的不足，并通过技术革新进行调整和解决。

根据企业发展需要进行产品的研发与技术的储备。墙板生产企业应根据行业发展和市场需求，加快墙板产品自身的适应性拓展，增加墙板的规格品种以及新材料、新工艺和新技术的研发，从而增强墙板产品的市场竞争力。

5. 厂内运输与堆放

（1）厂内运输：挤压陶粒混凝土墙板的厂内运输相关技术管理事项同蒸养陶粒混凝土墙板。

（2）厂内堆放：挤压陶粒混凝土墙板的厂内堆放相关技术管理事项同蒸养陶粒混凝土墙板。

（3）产品标识：挤压陶粒混凝土墙板的标识管理同蒸养陶粒混凝土墙板。

3.2.2 挤压陶粒混凝土墙板生产的工艺流程

1. 生产物料及要求

挤压陶粒混凝土墙板采用以水泥、粉煤灰为胶凝材料，以煤渣、陶粒等轻骨料机制（挤压）成型的轻骨料混凝土隔墙板，包括空心板和实心板两种，以下主要介绍生产材料、生产要求两部分内容。

1）主要生产材料

挤压陶粒混凝土隔墙墙板的主要生产材料为水泥、粉煤灰、炉渣和陶粒等。各种材料的指标见表 3-2-2。

挤压陶粒混凝土隔墙墙板主要材料的指标 **表 3-2-2**

序号	材料名称	规格型号	指标	备注
1	水泥	强度等级大于 42.5 级的 R 型水泥	3d 抗压强度≥ 5%，28d 抗压强度≥ 42.5MPa，初凝时间≥ 45min 且≤ 10h	使用前，先进行抽样复试，合格后方可使用
2	粉煤灰	二级灰	细度 14 至 25	—
3	陶粒	粒径：2～8mm	堆积密度 400kg/m^3 以下	—
4	冷拔钢丝	ϕ4mm	低碳钢热轧圆盘	—

2）生产要求

挤压陶粒混凝土墙板的制作养护龄期应满足 28d；当采用速凝特种水泥制作挤压陶粒混凝土墙板时，其养护龄期应大于 21d。挤压陶粒混凝土墙板达到养护龄期后方可安装。

挤压陶粒混凝土墙板基本规格尺寸应符合表 3-2-3 的要求。

挤压陶粒混凝土墙板基本规格尺寸 **表 3-2-3**

厚度 *T*/mm	宽度 *B*/mm	长度 *L*/mm	备注
100	595	≤ 3200	墙板配筋要求：应沿板长方向上、下两层布置直径不小于 4.0mm 的冷拔钢丝，且每层钢丝不少于 2 根
120	595	≤ 3200	
150	595	≤ 3200	
200	595	≤ 3200	

挤压陶粒混凝土墙板的性能指标应符合表 3-2-4 的要求。

挤压陶粒混凝土墙板的性能指标 **表 3-2-4**

序号	项目	指标			
	板厚 /mm	100	120	150	200
1	抗冲击性能 / 次	≥ 5	≥ 5	≥ 5	≥ 5
2	抗弯破坏荷载 / 板自重倍数	≥ 1.5	≥ 1.5	≥ 1.5	≥ 2
3	抗压强度 /MPa	≥ 5.0	≥ 5.0	≥ 5.0	≥ 5.0
4	软化系数	≥ 0.80	≥ 0.80	≥ 0.80	≥ 0.80
5	面密度 /（kg/m^2）	≤ 110	≤ 140	≤ 160	≤ 190
6	含水率 /%	≤ 6.0	≤ 6.0	≤ 6.0	≤ 6.0
7	干燥收缩值 /（mm/m）	≤ 0.5	≤ 0.5	≤ 0.5	≤ 0.5
8	吊挂力 /N	≥ 1000	≥ 1000	≥ 1000	≥ 1000
9	空气声隔声量 /dB	≥ 35	≥ 40	≥ 45	≥ 47
10	耐火极限 /h	≥ 1.0	≥ 1.0	≥ 2.0	≥ 2.0
11	传热系数 /［W/（m^2·K）］	—	≤ 0.343	≤ 0.342	≤ 0.387

注：1．对于分户墙和楼梯间墙等有传热系数限制要求的墙板，应检测传热系数。
2．表中所列参数参照于江苏省工程建设标准设计《轻质内隔墙构造图集》（苏 G 29—2019）。

2．生产工艺及指标控制

陶粒混凝土墙板的生产设备和成型工艺与普通墙板大致相同。目前，国内墙板成型工艺主要有立模或平模浇筑法、台座挤出法、喷射法、预拌泵注法，铺网抹浆法等。其中，应用最广的是立模浇筑法，其次是台座挤出法。

1）生产工艺流程框图

挤压陶粒混凝土墙板的生产工艺流程框图如图 3-2-16 所示。

2）主要生产控制指标

主要生产控制指标见表 3-2-5 及表 3-2-6。

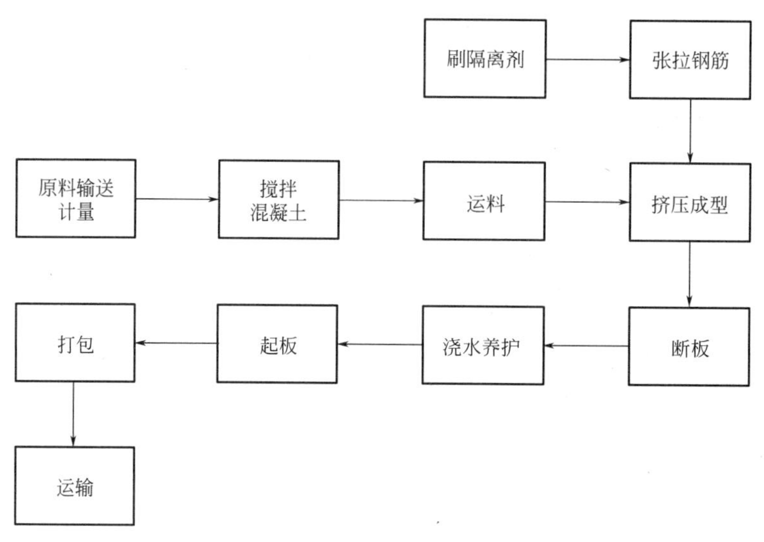

图 3-2-16　挤压陶粒混凝土墙板生产工艺流程

轻质墙板外观质量要求表　　**表 3-2-5**

检验项目	控制指标
板面外露筋、露纤及飞边毛刺，板面泛霜，板的横纵向及厚度方向贯通裂缝	不允许
板面裂缝（长度 50～100mm，宽度 0.5～1.0mm）	每块板不多于 2 处
蜂窝气孔（长径 10～30mm）	每块板不多于 3 处
缺棱掉角（宽度 × 长度：10mm×25mm～20mm×30mm）	每块板不多于 2 处
表面露陶粒	不允许
芯孔	圆整、无塌落

墙板尺寸允许偏差表　　**表 3-2-6**

项目	允许偏差 /mm
长度	±5
宽度	±2
厚度	±1.5
板面平整度	≤2
对角线差	≤6
侧向弯曲	≤ L/1000

3. 生产保障措施

1）职业健康与安全生产措施

一般都是采用地模方式生产的挤压墙板，其管理模式比较粗放。企业生产的墙板质量，不仅取决于原材料的质量、施工人员的素质和责任心，还与生产环境有很大的关系，这就彰显了文明施工的重要性。

（1）文明安全生产是一个系统工程，贯穿于生产管理的始终。它是生产现场综合管理水平的体现，涉及车间每一个操作人员的生产及工作环境。因此，增强生产与管理人员的文明安全健康意识非常重要。应认真清理挤压板场地，既要铲除上道工序留下的残渣，从而避免墙板板底产生凹凸麻面，又要将场地清扫干净，以便涂刷隔离剂，防止灰尘对混凝土的污染，生产场地清理及生产场地刷隔离剂如图 3-2-17 和图 3-2-18 所示。

图 3-2-17　生产场地清理

图 3-2-18　生产场地刷隔离剂

（2）应合理归并、集中堆放并及时清理生产废弃的墙板板头及断板碎块，不得出现无人过问的情况。同时，应及时对生产环境进行清理，并将生产垃圾及时运出生产现场，运送到指定的地点，以时刻保持现场的整洁。

（3）在生产过程中，应自觉地形成环保意识，创造良好的生产工作环境，最大限度地减少施工所产生的杂物对环境的污染，参与生产的设备噪声均应控制在国家有关环保规定允许的范围内。

（4）制订文明施工制度，划分环卫包干责任区，做到责任到人。生产班组长必须对班组作业区的文明现场负责。坚持谁作业，谁清理，做到下班前工完场清。

（5）运料车不要装得太满，避免因抛锚撒漏而引起场内道路扬尘。对于生产现场内的遗、漏、抛及洒物，应及时清理干净。

（6）对容易产生粉尘的切割机等设备，应加装吸尘装置，以减少对生产环境的污染。

（7）生产人员应语言文明，行为举止合乎社会习俗，佩戴安全用品，穿戴整洁，保持生活卫生，保持良好形象。

（8）应采用料盘盛装生产车间的炉渣等松散颗粒材料，以免污染环境。

2）生产组织保证措施

（1）加强墙板产品实体质量的管理。首先，要采取生产组织保证措施。生产部经理、副经理及技术负责人应直接进驻生产一线，进行现场指挥与监控，解决生产现场发生的实际问题，以确保生产质量。其次，加强技术交底，强化生产现场的技术指导，加强操作工的培训。再次，坚持样板的示范作用，组织工人对照样板进行操作，规范生产作业，确保产品质量。最后，加强验收检查，发现问题后，应及时分析处理，制订方案措施整改到位，保证把产品质量控制在预定的目标基础之上。

（2）树立牢固的质量意识，认真组织墙板的生产。加强墙板生产质量的管理，加强材料的验收流程，严格配比及合理养护，确保板材质量。

（3）严格按操作流程和技术标准进行生产。确保原材料计量准确、搅拌均匀、挤压成型速度匀速，浇水养护到位。

（4）严格按墙板养护规定的时间进行养护。尽量延迟断板及起板时间，使混凝土有较充分的静置养护时间。

（5）浇水养护必须到位。由于少水混凝土早期水化需要较多的水分，所以只要不影响混凝土表面的水化凝固，应尽早进行浇水养护。

（6）厂内墙板起板及运输时，应尽量避免墙板混凝土受到碰撞、振动。

（7）尽量进行混凝土的覆盖养护，防止混凝土表面水分蒸发，影响混凝土的水化，从而导致强度下降，墙板薄膜覆盖养护如图 3-2-19 所示。

图 3-2-19　墙板薄膜覆盖养护

3）生产措施

（1）严格控制炉底渣的含水量、化学成分及颗粒粗细，适时进行配比调整，以确保生产质量的稳定。

（2）在墙板生产前，应将挤压成型机的空腔高度调成 −1mm 左右的公差，以确保生产出来的墙板厚度满足标准要求。

（3）车间需要配备一个经验丰富的机修工，定期对机械进行保养和维修。机械设备的性能对墙板的质量有直接影响。一旦挤压机发生偏差、振动或走速快等故障，都会引起混凝土的塌孔及表面裂纹。

（4）应及时进行浇水养护，特别是夏天气温高，混凝土表面的水分容易蒸发，如不及时浇水，就会引起混凝土水化凝固不充分，从而造成混凝土强度降低。

（5）严格进行墙板质量的控制，要形成操作工自检、班组检查和车间抽检的质量检查制度，切实把质量控制落到实处。

（6）要有一个配备齐全的试验室进行精准的墙板生产试验。通过按规定对原材料和生产墙板的检测，严格把控墙板的生产质量。

3.2.3 挤压陶粒混凝土墙板生产的质量控制

挤压陶粒混凝土墙板生产的质量控制主要是通过对生产中常见的质量问题采取预防措施，从而避免质量问题的发生。

1. 挤压陶粒混凝土墙板生产的常见质量问题

（1）温差作用对挤压墙板裂缝的影响。由于陶粒混凝土隔墙板大多数用于室内的隔墙，所以生产完成后不应直接暴露在太阳底下，同时应该避免风吹雨淋。由于室内隔墙对于气密及水密性能要求的降低，使得陶粒混凝土墙板在生产制作过程中对这方面的问题没有足够的重视。墙板混凝土经挤压成型之初，由于墙板内水化热的影响，墙板温度比室内温度高，到墙板养护后期，室内温度比墙板温度要高很多，这就容易导致墙板受热发生热胀变形。而在室外生产的墙板，由于受日照和昼夜气温温差的影响，墙板混凝土反复承受着热胀冷缩的影响，从而导致其表面出现裂纹及板体裂缝。在冬季一旦气温下降，墙板温度也会随之下降，从而引起墙板的冷缩，导致板面的薄弱部位容易出现裂纹和裂缝，严重时可能产生混凝土被冻酥的现象。

（2）墙板经挤压成型并浇水养护后，会有部分多余的水分滞留在墙板混凝土内，特别是墙板在受到雨淋后会产生湿胀的现象。一旦这种墙板被安装上墙，在墙体静置一段时间后，墙板内的水分会逐渐挥发掉，墙板也会随之干缩，就不可避免地会出现裂缝，这也是墙板发生裂缝的主要原因之一。所以，在对墙板进行后期养护时，应尽量避免雨淋受潮。

（3）材料对挤压墙板裂缝的影响。陶粒混凝土墙板是一种薄壁、空心（实心）墙体材料，具有混凝土的脆性，因而在外界的各种因素作用下，就有可能导致裂缝的出现，加之陶粒混凝土具有易干缩的特性，并且随着时间的推移，其干缩值会不断增加，所以应尽量避免发生这种情况。

（4）在墙板混凝土挤压成型后的一周内，一旦浇水养护不足，就会导致混凝土中水泥水化不充分。这不仅会使墙板混凝土强度降低，而且在后期安装上墙后，部分未被水化的游离水泥颗粒会慢慢地吸收大气中的水分，从而被水化凝固成水泥石，这是混凝土的一个收缩过程，也是引起墙板收缩裂缝的原因之一。

（5）墙板混凝土经挤压成型后，会由于切割、起板、叉运、垫置不当及运输颠簸而受到扰动，墙板体内会产生一些附加应力，如果这些应力积累得过多，又没有被及时排除，就会引起墙板混凝土的开裂。所以，安装墙板前，应有充分的静置时间来消除这种裂缝产生的因素。

2. 挤压陶粒混凝土墙板生产质量问题的控制措施

（1）尽量延长墙板的生产养护时间，确保陶粒混凝土墙板在安装前达到稳定状态。一般刚出厂的轻质陶粒墙板稳定性较差，其干缩变形较大。干缩变形的特征是早期发展比较快，以后逐步变慢。因此，使用前，应将墙板尽量静置养护，确保材料已达到使用龄期，墙板混凝土已基本稳定，以确保墙板具有较小的干缩变形。

（2）要严格控制陶粒混凝土墙板出厂时的含水率。使用轻质陶粒混凝土墙板时，对含水率有严格的要求，要严格按照不同类型和不同规格控制陶粒混凝土墙板出厂时的含水率。除选用含水率符合标准的墙板产品安装外，在陶粒混凝土墙板上墙前，必须要做好防水措施，尽量避免陶粒混凝土墙板因遭受雨水的淋湿而造成墙板上墙后因干燥收缩开裂的情况。

（3）注重陶粒混凝土材料的选择。在生产陶粒混凝土墙板时，应该注重对制作材料的挑选工作。避免使用便宜、抗裂性能不好的原材料，特别是抗裂性能低的陶粒，来生产混凝土墙板。要加大试验检测力度，应该全面考虑材料、技术及管理因素，尽最大能力改进陶粒混凝土墙板的抗裂性能，给用户提供高质量的墙板产品。从生产的材料到出厂的产品，严格把关每一项工序，尽量做出高品质的墙板产品。

（4）严格控制陶粒混凝土制作材料的配比。在制作过程中，每一种陶粒混凝土材料都需要严格控制好原材料之间的配比。把控好原材料之间的配合比，有利于制造出高质量的陶粒混凝土墙板。要拿捏好水泥、陶粒、炉渣及水之间的配比，一旦其中一种或几种原材料比例过高或者过低，都会严重影响陶粒混凝土的质量。根据科学的生产原料比例来进行配比，把配比误差控制在最小范围内，可以提高生产质量。另一方面，还应对材料配比进行优化设计，并试配陶粒混凝土，按科学配比拌成陶粒混凝土拌合物，尤其需要严格控制炉渣的掺量、化学成分及颗粒粒径，使其最大粒径不大于 10mm，并控制炉渣的烧失量及细粉量，以降低墙板的含水率。

3.3 ALC 板的生产

3.3.1 ALC 板的生产组织

1. 生产计划安排

（1）营销部应根据合同、代理商订单和工地用货计划进行订单安排，板材配筋图在订单确认 1d 内进行编制，并与生产订单一起报送生产部。订单下达后，由生产部确认并进行生产，同时抄报采供部，并将每天编制的板材生产计划发送至营销部。

（2）生产部在接受生产订单后 10d 之内进行生产、修补、包装及入库。采供部每天根据生产部生产的产品进行入库，入库产品最少需要 2d 的养护方可发货。

（3）板材订单由营销部根据规格、数量及生产习惯进行订单审核，如遇特殊规格订单，营销部需先与生产部及质量技术部进行接单前的讨论，再开具生产订单。

（4）外贸订单由营销部制订相关的生产订单、包装方案及初步装箱方案。由采供部对包装和装箱方案进行细化和可行性论证，并负责包装物的采购和装箱事宜的安排。

2. 生产原材料

1）ALC 板原材料相关规范

ALC 板的生产原材料应符合下列规范要求：

（1）《钢筋混凝土用钢　第 2 部分：热轧带肋钢筋》GB/T 1499.2—2018；

（2）《绝热材料稳态热阻及有关特性的测定　防护热板法》GB/T 10294—2008；

（3）《蒸压加气混凝土性能试验方法》GB/T 11969—2020；

（4）《冷轧带肋钢筋》GB/T 13788—2017；

（5）《蒸压加气混凝土板》GB/T 15762—2020；

（6）《混凝土制品用冷拔低碳钢丝》JC/T 540—2006；

（7）《蒸压加气混凝土板钢筋涂层防锈性能试验方法》JC/T 855—1999。

2）原材料检验

（1）原材料检验专职人员为“化学检验员”，主要负责按照国家标准及企业标准对原材料进行化学检验。化学检验员岗位由技术质量部负责管理。

（2）原材料到达后，采购部填写送检单并交予技术质量部。如供应商随产品提供质量文件，质量文件连同送检单一并提交。

（3）技术质量部根据送检单到码头或仓库抽取样品。ALC 板原材料抽样方法如表 3-3-1 所示。

ALC 板原材料抽样方法 **表 3-3-1**

名称	程序	频率	执行部门
砂	先检验，后入库	1 次 / 船	采购部、技术质量部
石灰	先检验，后入库	1 次 / 车	技术质量部
石膏	先检验，后入库	1 次 / 船	技术质量部
水泥	先入库，后检验	进货检验标准	技术质量部
铝粉	先入库，后检验	1 次 / 批	技术质量部
脱模油	先检验，后入库	1 次 / 批	技术质量部
钢筋	先检验，后入库	1 次 / 批	技术质量部

抽取检验样品后，检验人员应按照相应的质量标准和实验方法实施检验。

（4）原材料检验结束后，检验员填写送检单并签字，主管根据相关标准规范对结果进行审核。如原材料各项指标合格，则在送检单相应位置填写“合格”，签字后交采供部。如原材料质量不合格，则在送检单相应位置填写“不合格”，交部门经理审核后，将有不合格品处理意见的送检单返回采供部，按照相关不合格品处理程序执行。

3. 生产设备

轻质墙板生产线一般采用双驱动对辊挤压工艺，可完成墙板从上浆、主料、铺布、复合到复压的整个生产过程。该生产线设备自动化程度高，运行平稳，可任意调整规格，生产线主要成型设备有皮带输送机、球磨机、浆料储罐和布料机等，在 ALC 板的生产工艺流程部分，会对部分生产设备的功能进行详细介绍。图 3-3-1 为三一筑工 ALC 板生产线布置图。

4. 生产管理要点

轻质墙板的生产技术管理方法基本相同，ALC 板的生产管理的主要内容，生产流程与技术交底，生产参数的确定，生产过程控制，以及厂内运输及堆放等生产管理要点，可参考蒸养陶粒混凝土板的生产技术管理。

3.3.2 ALC 板的生产工艺流程

1. ALC 板的生产一般流程

一般来说，ALC 板的生产包括原材料的加工处理、钢筋及网笼的加工、原材料的配比、浇筑搅拌、静停切割及蒸压养护等环节。ALC板生产工艺流程如图3-3-2所示。

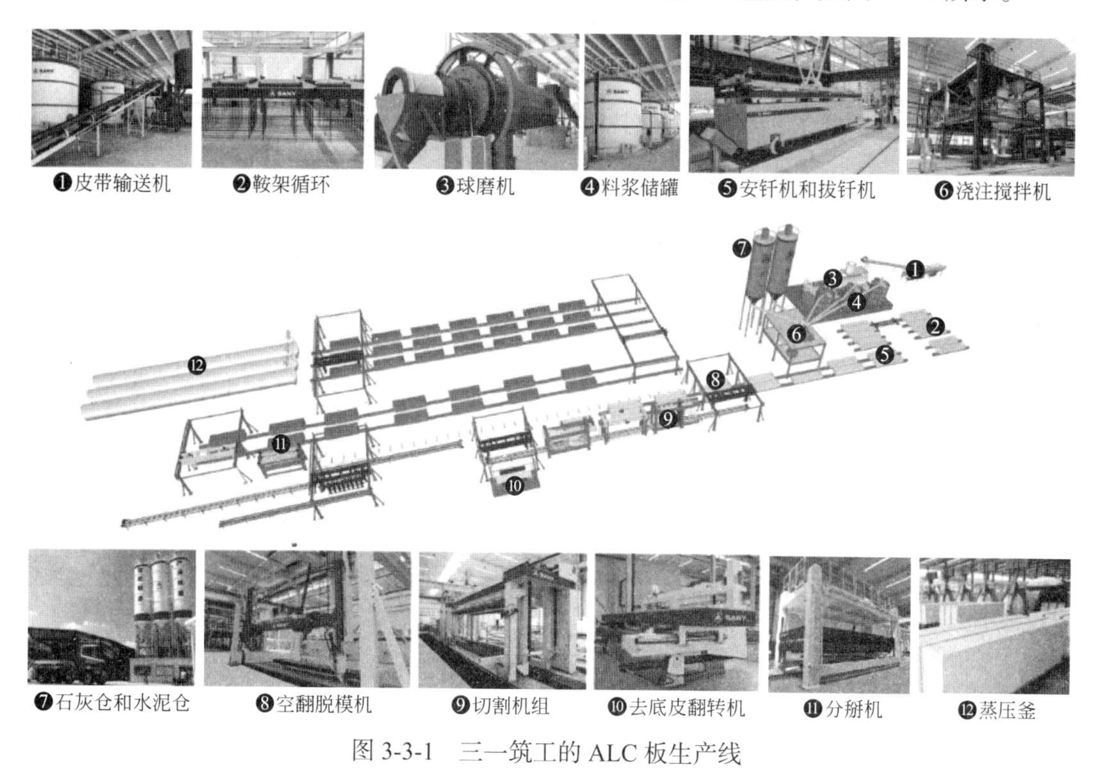

图3-3-1　三一筑工的ALC板生产线

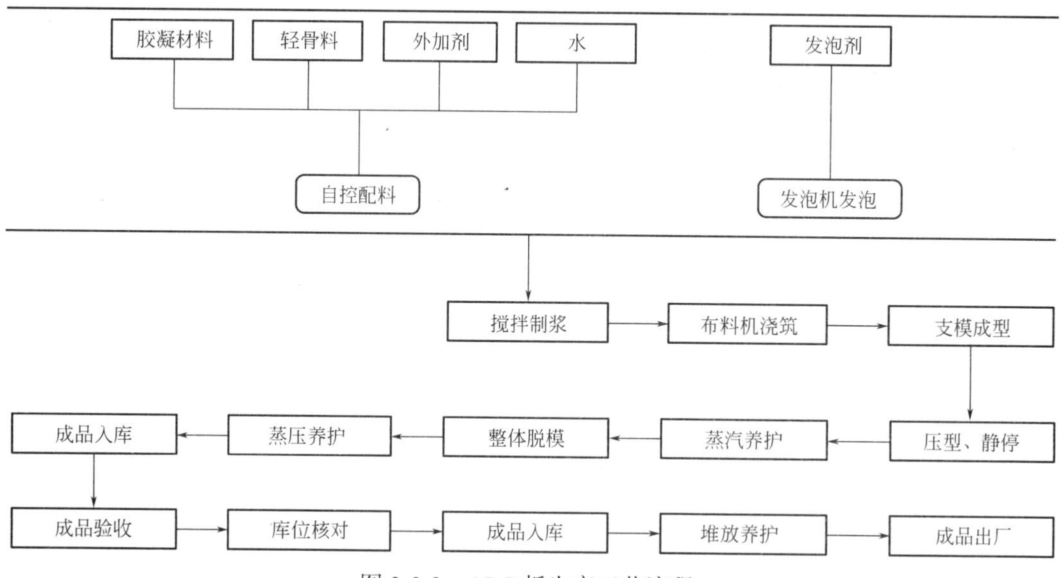

图3-3-2　ALC板生产工艺流程

2. ALC板的生产工艺详解

ALC板的生产工艺主要包括原材料处理、配料浇筑、静养、切割、编组养护及成品牵引工段。

1）原材料处理

首先将计量后的粉煤灰、沙子及石膏进行破碎，通过皮带输送机送入湿式球磨机中，使用湿式球磨机将浆料制成符合工艺要求的细度及相对密度，并将合格的浆料储存至浆料储存罐内，将水泥及加工后的生石灰分别输送到储存仓内。砂石处理过程如图 3-3-3 所示。

(a) 计量　(b) 输送

(c) 制浆　(d) 储存

图 3-3-3　砂石处理过程

通过全自动的钢筋网片专用焊接生产线，将经过冷拉后的圆钢焊成钢筋网片或者钢筋笼。将制作好的网片或网笼经防腐和烘干处理，通过钢钎与鞍架对其进行组装，并由插拔钎吊机吊运至指定位置等待插钎。钢筋网片的生产过程如图 3-3-4 所示。

(a) 焊接　(b) 防腐

(c) 吊运　(d) 等待插钎

图 3-3-4　钢筋网片生产

将制备好的浆料经过自动配料控制系统进行计量，可保证配料作业的精准度和可靠性，然后按顺序送入浇筑搅拌机内，进行高速搅拌，在计量和搅拌的同时，将空模框运送至浇筑工位。浆料制备及存储如图 3-3-5 所示。

图 3-3-5　浆料制备及存储

2）配料浇筑

将搅拌好的混合料浆，通过浇筑搅拌机的升降浇筑头浇筑到空模箱内，然后将模箱运行至气泡整理机处进行振捣整理，去除浇筑时产生的大气泡，再由插拔钎吊机将网片或者网笼插入已经固定好的模箱内。配料浇筑过程如图 3-3-6 所示。

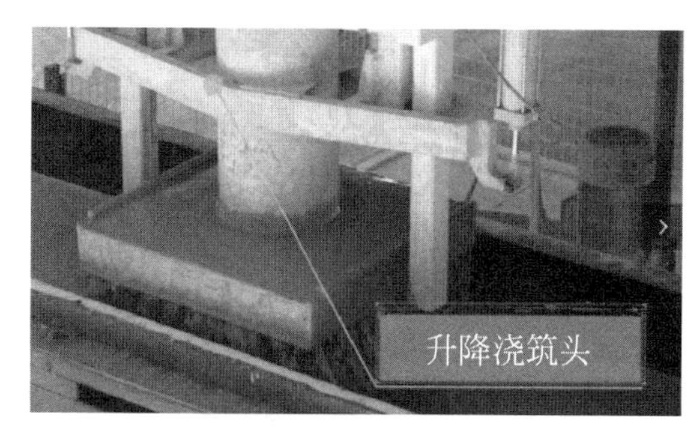

(a) 升降浇筑头

(b) 降振捣头

(c) 振捣

(d) 放置钢筋网

图 3-3-6　配料浇筑

3）静养、脱模、涂油

使用摆渡车将模框送入养护窑进行恒温静停养护，待模框内的坯体经过静停养护达到切割硬度要求后，由拔钎机将鞍架连同钢钎从定位后的模框中拔出，再由摩擦轮运送至空翻脱模机下，空翻脱模机把定位后的模框自动吊运至切割工段上。空翻脱模机将模框翻转90°，放在切割小车上进行脱模，脱模后的模框与清理后的侧模板进行合模，组模后的空模框被吊运至返回轨道上进行涂油处理，等待下一轮浇筑。静养、脱模及涂油等工序如图 3-3-7 所示。

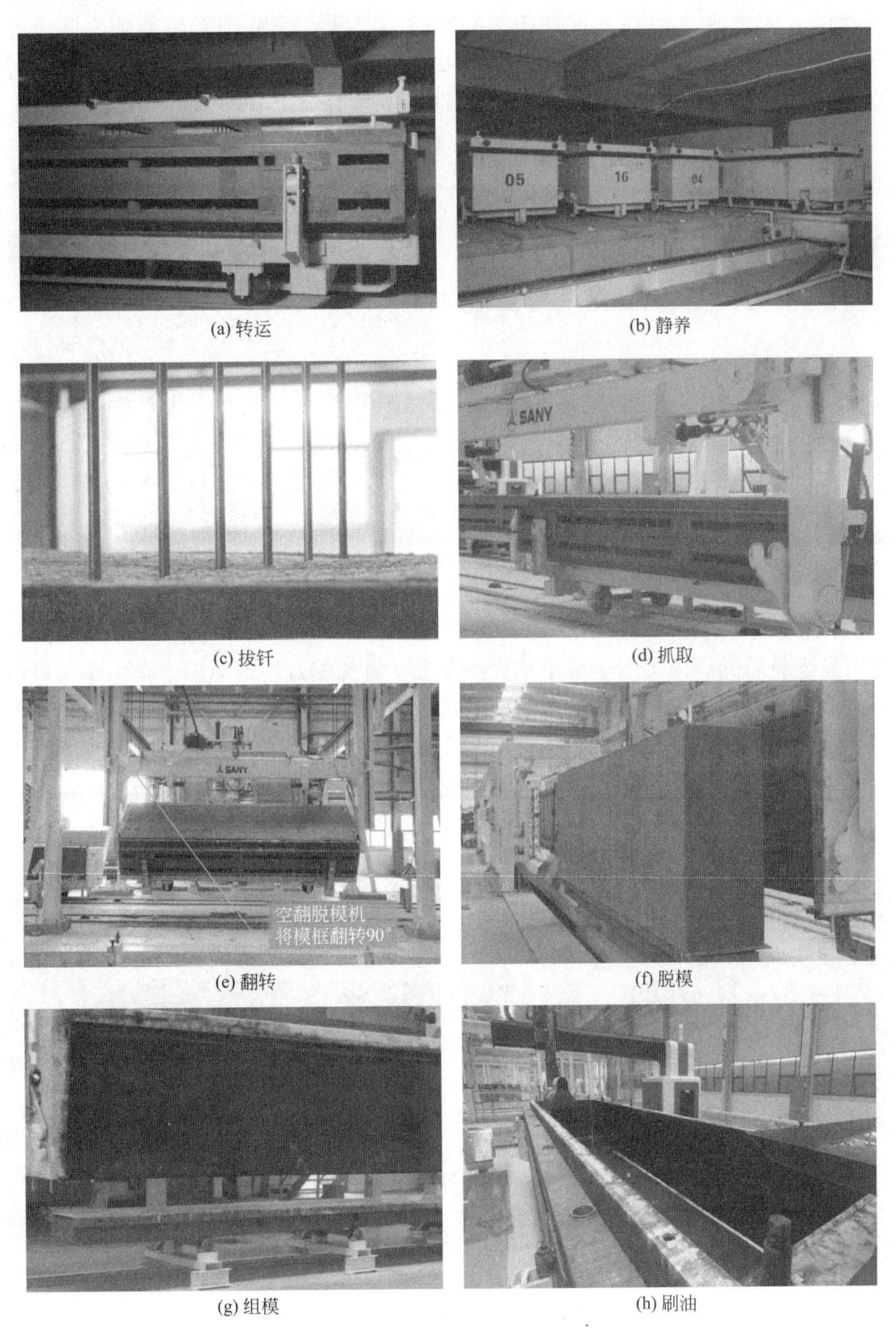

(a) 转运　(b) 静养　(c) 拔钎　(d) 抓取　(e) 翻转　(f) 脱模　(g) 组模　(h) 刷油

图 3-3-7　静养、脱模及涂油等工序

4）板材切割

采用切割机的第一辆切割小车承载坯体进行纵向切割，使用侧切装置对坯体侧面进行铣槽，侧切结束后，小车行走至水平切割位置进行板材的横向切割。横切结束后，小车行走至垂直切割位置，在垂直切割的同时完成小车的置换工作。桁架往返摆动同时上下运动，完成垂直切割，垂直切割的同时顶吸装置完成顶部废料的去除工作，随后切割小车载着坯体通过气吹装置，由气吹装置吹除附在坯体上的残留颗粒，并把胚体运送至编组吊机下。编组吊机将切割好的坯体吊运至带有同步导向的翻转台上进行翻转，并在清边机的配合下，去除坯体上下层和侧板上的废料。板材切割如图 3-3-8 所示。

图 3-3-8　板材切割

5）编组蒸养

将去除废料后的坯体吊运至编组蒸养小车上，将预编好组的蒸压小车由牵引机运送至蒸养釜摆渡车上，由编组牵引机送至釜前编组区，完成编组后，由编组牵引机送进蒸压釜进行蒸养。蒸压釜由液压装置控制开关，在设置好蒸养工艺相关参数后，坯体蒸养由蒸养控制系统控制完成。蒸养完成的坯体由编组牵引机进行自动出釜。编组蒸养过程如图 3-3-9 所示。

(a) 半成品转运

(b) 入蒸养釜

图 3-3-9　编组蒸养（一）

(c) 蒸养　　(d) 出釜

图 3-3-9　编组蒸养（二）

6）成品打包和出厂

出釜后的蒸养小车，由脱钩机构进行自动脱钩，脱钩完成后，由釜前搬运吊机运送至回程轨道上。生产板材时，分坯吊机将半成品吊运至重载侧板辊道上，辊道将成品送至分掰工位，通过分掰机对成品进行分离。分离后的成品由侧辊道运送至夹坯机下，并通过单模夹坯机送至板材输送线上，再由托盘输送线送向旋转夹坯机工位，旋转夹坯机完成产品的夹运打包，打包后的成品板材经过 7d 养护后可进行成品验收，并运送至工地现场进行安装。成品打包、出厂如图 3-3-10 所示。

(a) 成品出釜

(b) 转运

(c) 成品转运

(d) 运输

图 3-3-10　成品打包、出厂

3.3.3 ALC 板生产的质量控制

1. 出厂检验

产品出厂前，应进行出厂检验，出厂检验项目为产品的外观质量和尺寸、抗冲击性能、抗弯破坏荷载及含水率性能项目，产品经检验合格后方可出厂。出厂检验方案可参照《建筑隔墙用轻质条板通用技术要求》JG/T 169—2016 中的相关要求。

2. 型式检验

根据《建筑隔墙用轻质条板通用技术要求》JG/T 169—2016 的相关规定，有下列情况之一时，应进行型式检验：

（1）试制的新产品进行投产鉴定时；

（2）产品的材料、配方及工艺有重大改变，可能影响产品性能时；

（3）连续生产的产品，每年或生产 7000m^2 时（空气声计权隔声量，耐火极限试验每三年检测一次）；

（4）产品停产半年以上再投入生产时；

（5）出厂检验结果与上次型式检验结果有较大差异时。

型式检验方案可参照《建筑隔墙用轻质条板通用技术要求》JG/T 169—2016 中第 8.2.2 条、8.3.1 条的相关要求。

3. 检验人员

（1）成品检验专职人员为成品检验员和物理检验员，主要负责按照国家标准对成品进行现场检验和试验室检验。成品检验员岗位由技术质量部负责管理。

（2）成品检验设现场检验员（负责尺寸和外观质量抽检）和物理检验员（负责物理和力学性能质量抽检与试块制作）。物理力学性能检验判断，可参照《建筑隔墙用轻质条板通用技术要求》JG/T 169—2016 中 8.3.2 条的相关要求。

3.4 ALC 双拼板的生产

3.4.1 ALC 双拼板的生产组织

1. 生产计划安排

ALC 双拼板一般属于定尺板材，工厂可根据市场需求提前生产备货，在编制生产计划时，要重视编制计划的要求和依据。同时，必须考虑制约因素、资源配备及产能状况，做到订单与产能的平衡。具体应注意以下几点。

（1）根据工厂的成品库存情况及产品发货的趋势，以及成品库存上、下限结构，初步确认需排产的双拼板生产品种及数量。

（2）在与经营、营销和财务部门保持连续沟通的基础上，通过对市场需求的预测及客户的要求编制计划，对生产前的各项技术准备工作、劳动力的组织与调度及生产设备的安排等进行组织和协调，以便按质、按量、按品种并按期完成板材的生产。

（3）如遇特殊规格订单，营销部需先与生产部及质量技术部进行接单前的讨论后，再行开具生产订单。

（4）在编制计划时，可同时制订未来若干期的计划，计划的内容可近细远粗。在计划期的第一阶段结束时，根据计划的执行和内外环境的变化情况等对原计划进行修订，并将计划向前滚动一个阶段，以后根据同样的原则逐期滚动。

（5）对生产计划的编制应做到科学合理，要缩短生产周期和减少流动资金占用量，以提高生产的经济效益。

2. 生产原材料

ALC 双拼板的原材料与普通 ALC 板类似，其原材料的相关规范及检验要求，可按 3.3 节中 ALC 板原材料的相关要求执行。重点应做好原材料进场前的质量管控，ALC 双拼板原材料质量控制流程如图 3-4-1 所示。

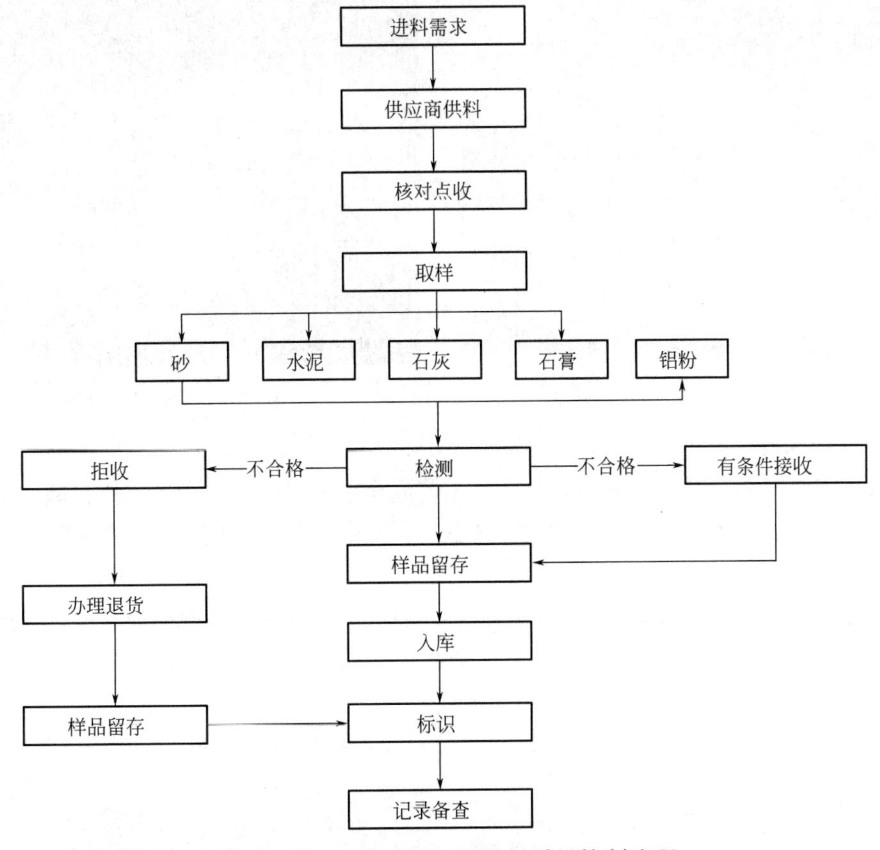

图 3-4-1　ALC 双拼板原材料质量控制流程

3. 生产设备

ALC 双拼板生产线与普通 ALC 板生产线类似，一般采用双驱动对辊挤压工艺，主要区别在于 ALC 双拼板生产线取消了配筋工序。生产线设备自动化程度高，生产线主要成型设备有皮带输送机、球磨机、浆料储罐、蒸压釜等。具体生产工艺流程可参照 3.3 节的相关内容，下面主要对各类生产设备进行介绍。

生产 ALC 双拼板时，主要涉及以下生产设备。

1）水泥及石灰储料罐

水泥及石灰储料罐可提高散装水泥 8%～12% 的使用率，节约石灰、砂、水泥等用量

8% 左右，提高粉煤灰等废渣 2% ~ 3% 的利用率；节能率及万元 GDP 贡献率达 1.21%。减少飞灰 2000 多吨，减少施工落灰 20%；减少二氧化碳排放量 1.35 万 t 左右。水泥及石灰储料罐如图 3-4-2 所示。

2）原料输送带

输送带广泛应用于水泥、焦化、冶金、化工及钢铁等行业中输送距离较短且输送量较小的场合。ALC 双拼板生产中原料传送带一般用于砂和石膏的传送。原料输送带如图 3-4-3 所示。

图 3-4-2　水泥及石灰储料罐

图 3-4-3　原料输送带

3）原料球磨机

原料球磨机又称为原料磨粉机，是选矿工艺流程中常用的磨粉设备。原料磨主要分为干法原料磨、湿法原料磨及水泥原料磨等，ALC 双拼板生产主要采用湿法原料磨。原料磨采用筒盖和中空轴一体化结构，整体结构呈特殊的流线型风格，可降低风流的阻力，增大可利用容积且易于排料，从而提高了成品的产量。一般被用于开流粉磨或原料磨，可与选粉机组成多重循环圈流粉磨，也常用于一些工矿企业物料的加工。原料球磨机如图 3-4-4 所示。

4）料浆过渡池

料浆过渡池的主要作用是减小浆料的流动阻力，避免造成停浆，如图 3-4-5 所示。

图 3-4-4　原料球磨机

图 3-4-5　料浆过渡池

5）浇筑楼

浇筑楼主要用于配料，每模框的材料经浇筑楼按配比搅拌均匀后投放到模框中，如图 3-4-6 所示。

6）模框

模框主要用于板材的成型。根据生产计划单及图纸，确定板材的厚度及长度，使用模框进行 ALC 双拼板材的生产，如图 3-4-7 所示。

图 3-4-6 浇筑楼

图 3-4-7 模框

7）原料料斗

原料料斗主要用于干砂原料的存放。在生产过程中，料斗开口放料，计量器称重，待质量达到设定值后，放料口自动关闭，如图 3-4-8 所示。

8）料浆储浆罐

料浆储浆罐主要用于对经加水湿磨的硅质材料（如砂子、粉煤灰及石英砂等主要原材料）制成的料浆进行储存备用，如图 3-4-9 所示。

图 3-4-8 原料料斗

图 3-4-9 料浆储浆罐

9）半成品运输小车

半成品运输小车主要用于半成品的搬运、储存、防护和交付，确保半成品在流转过程中，完好地交付至下一道工序。半成品运输小车如图 3-4-10 所示。

10）蒸压釜

蒸压釜又称为蒸养釜或压蒸釜，是一种体积庞大、质量较大的大型压力容器。蒸压釜的用途十分广泛，大量应用于加气混凝土砌块、混凝土管桩、灰砂砖、煤灰砖、微孔硅酸钙板、新型轻质墙体材料、保温石棉板及高强度石膏等建筑材料的蒸压养护。蒸压釜如图 3-4-11 所示。

图 3-4-10　半成品运输小车

图 3-4-11　蒸压釜

11）蒸汽锅炉

产生蒸汽的锅炉称为蒸汽锅炉。在 ALC 双拼板生产车间内，蒸汽锅炉主要用于蒸养釜内半成品板材养护蒸汽的供应。蒸汽锅炉如图 3-4-12 所示。

12）预养室

浇筑好的模具经电动摆渡车送至顶推工位，使用顶推机械送入初凝养护室内。通过养护料浆形成可切割的坯体，在预养室内完成发气静停，发气静停是料浆在模具内受铝粉作用放出氢气，逐渐膨胀，充满模具的过程。发气是加气混凝土砌块生产中的关键技术。预养室如图 3-4-13 所示。

图 3-4-12　蒸汽锅炉

图 3-4-13　预养室

13）成品夹具

成品夹具是将蒸养后的成品整体吊离侧板的专用夹具，如图 3-4-14 所示。

14）打包机

打包机是使用捆扎带捆扎产品或包装件，然后收紧，并将两端通过发热烫头热融粘结方式结合，如图 3-4-15 所示。

图 3-4-14　成品夹具

图 3-4-15　打包机

3.4.2　ALC 双拼板生产的工艺流程

ALC 双拼板一般需经过原料加工、配料搅拌、浇筑发气、预养护、坯体切割、蒸压养护及铣磨加工等工序。不同种类加气混凝土板的主要差别在于加气混凝土混合料的不同，各类加气混凝土混合料的制备工艺大致相同，都需要经过原料加工和配料搅拌两个基本工序。以石灰 - 水泥 - 砂加气混凝土双拼板的制备工艺为例，其主要特点如下：

（1）胶凝材料由石灰、水泥与部分干砂（约占砂总用量的 20%）混合干磨而成。

（2）砂浆由砂子、石灰（约占砂用量的 20%）与水混合湿磨而成。石灰 - 水泥 - 砂加气混凝土双拼板的生产工艺流程如图 3-4-16 所示。

3.4.3　ALC 双拼板生产的质量控制

1．产品检验

ALC 双拼板产品检验分为出厂检验和型式检验，出厂检验合格后方可出厂发货，而有如下情况时，应进行型式检验：

（1）试制的新产品进行投产鉴定时；

（2）产品的材料、配方及工艺有重大改变，可能影响产品性能时；

（3）连续生产的产品一般每三年重新进行一次型式检测。

2．检验方法

（1）产品检验时，以 3000 块同厚度的 ALC 双拼板为一批（剩余不足 3000 块的也计一组），ALC 双拼板检验方法严格按照《建筑隔墙用轻质条板通用技术要求》JG/T 169—2016 执行。

（2）外观质量与尺寸检验按照《建筑隔墙用轻质条板通用技术要求》JG/T 169—2016 中 7.2 及 7.3 条执行。

① 抽样规则：从受检的 ALC 双拼板中随机抽取 30 块 ALC 双拼板，进行尺寸偏差与外观检验。

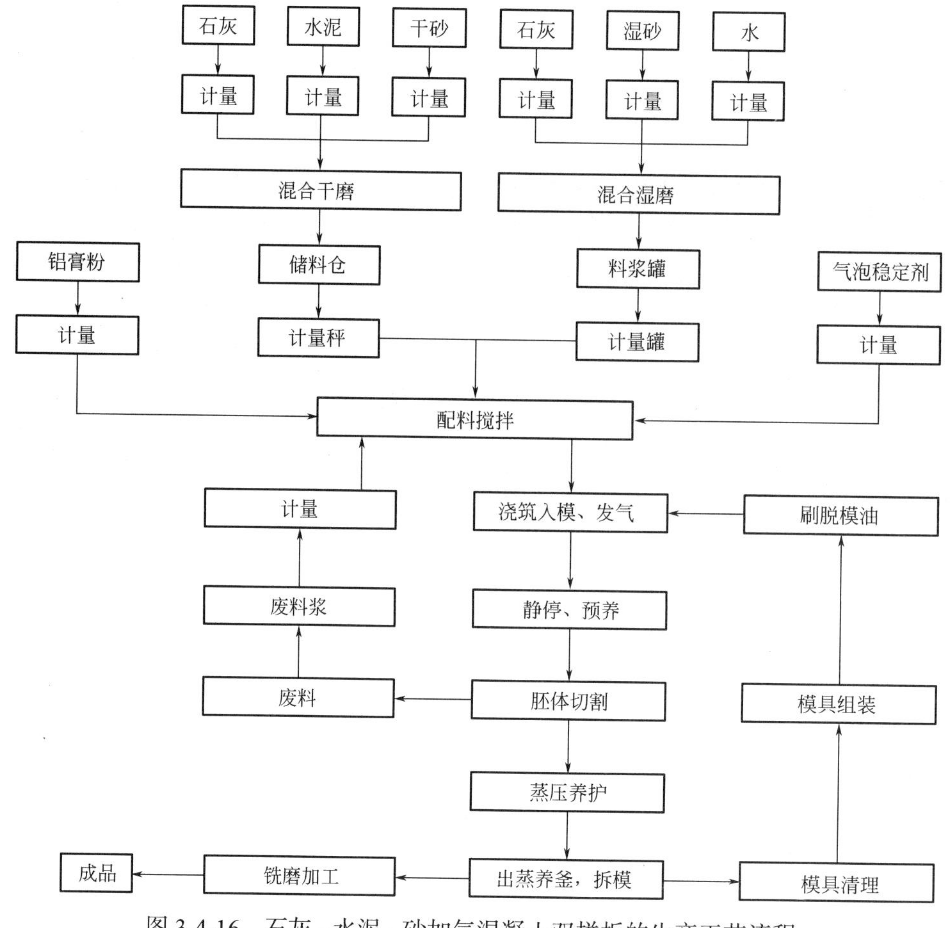

图 3-4-16　石灰 - 水泥 - 砂加气混凝土双拼板的生产工艺流程

② 判定规则：尺寸偏差和外观质量不合格数量不超过 3 块时，则判定该批 ALC 双拼板合格；否则，判定该批 ALC 双拼板不合格。

（3）抗折强度按照《建筑隔墙用轻质条板通用技术要求》JG/T 169—2016 中 7.4.2 条执行。

① 抽样规则：从外观与尺寸偏差检验合格的 ALC 双拼板中，随机抽取 3 块制作 3 组 9 个抗折强度检验试件。

② 判定规则：若 3 组试件中各个单组抗折强度平均值均不小于 1.5 倍的自重，则判定该批 ALC 双拼板合格；若有 1 组或 1 组以上的 ALC 双拼板抗折强度平均值小于 1.5 倍的自重时，判定该批 ALC 双拼板不合格。

（4）抗压强度按照《建筑隔墙用轻质条板通用技术要求》JG/T 169—2016 中 7.4.3 条执行。

① 抽样规则：从外观与尺寸偏差检验合格的 ALC 双拼板中，随机抽取 3 块 ALC 双拼板制作 3 组 9 个抗压强度检验试件。

② 判定规则：若 3 组试件中各个单组抗压强度平均值均不小于规定强度级别最小值时，则判定该批 ALC 双拼板合格；若有 1 组或 1 组以上小于此强度级别的最小值时，则判定该批 ALC 双拼板不合格。

（5）干密度按照《建筑隔墙用轻质条板通用技术要求》JG/T 169—2016 中 7.4.6 条执行。

① 抽样规则：从外观与尺寸偏差检验合格的 ALC 双拼板中，随机抽取 3 块 ALC 双拼板制作 3 组 9 个干密度检验试件。

② 判定规则：以 3 组干密度试件的测定结果的平均值判定 ALC 双拼板的干密度级别，符合规定时，则判定该批 ALC 双拼板合格。

（6）耐火极限按照《建筑隔墙用轻质条板通用技术要求》JG/T 169—2016 中 7.4.10 条执行。

① 抽样规则：从外观与尺寸偏差检验合格的 ALC 双拼板中，随机抽取 3 块 ALC 双拼板制作 1 组 3 个耐火极限检验试件。

② 判定规则：测定的耐火极限（h）不小于相应等级的最小时间，判定该批 ALC 双拼板符合相应耐火极限等级，否则，判定不符合相应等级，判定为不合格。

（7）ALC 双拼板抗冲击性能应严格按照《建筑隔墙用轻质条板通用技术要求》JG/T 169—2016 中的 7.4.1 条执行。

① 抽样规则：从外观与尺寸偏差检验合格的 ALC 双拼板中，随机抽取制作宽度不小于 2m，高度不小于 2.4m 的 ALC 双拼板进行抗冲击性能检验。

② 判定规则：抗冲击性能检验应符合表 3-4-1 的规定。

（8）吊挂力性能检验严格按照《建筑隔墙用轻质条板通用技术要求》JG/T 169—2016 中的 7.4.7 条执行。

① 抽样规则：从外观与尺寸偏差检验合格的 ALC 双拼板中，随机抽取高度不小于 2.4m 的 ALC 双拼板进行吊挂力性能检验。

② 判定规则：吊挂力性能检验应符合表 3-4-1 的规定。

ALC 双拼板抗冲击和吊挂力性能指标 **表 3-4-1**

项目	指标		
板厚 /mm	100	150	200
抗冲击性能 / 次	≥ 5		
吊挂力 /N	≥ 1000		

（9）ALC 双拼板用两条天然波进行抗震性能检验。一条地震波进行振动台足尺模型试验检验。ALC 双拼板抗震检验应按足尺尺寸进行试验，墙体高度不小于 2.7m，且宽度方向不少于 3 块 ALC 双拼板拼接，呈 L 形双向布置。抗震性能检验方法应严格按照国家规范《建筑抗震设计规范》GB 50011—2010（2016 年版）执行。ALC 双拼板抗震性能检验报告只需要做一个厚度 ALC 双拼板检验即可涵盖其他厚度，一般宜采用 200mm 厚度的 ALC 双拼板进行抗震性能检验。

① 判定规则：三条波拟加载的地震烈度等级为 7 度与 8 度的常遇小震、基本中震与罕遇大震工况下模拟加载。常遇小震不出现裂缝，基本中震可出现裂缝但可修，罕遇大震 ALC 双拼板不倒。

② 检验规则：ALC 双拼板出厂检验与型式检验的检验规则如表 3-4-2 所示。

ALC 双拼板检验规则 **表 3-4-2**

检验项目	出厂检验	型式检验	检验方法（参照）
外观质量与尺寸	*	*	《建筑隔墙用轻质条板通用技术要求》JG/T 169—2016
抗压强度	*	*	
干密度	*	*	
抗折强度	—	*	
耐火极限		*	
抗冲击性能		*	
吊挂力		*	
抗震性能		*	《建筑抗震设计规范》GB 50011—2010（2016 年版）

3．产品出厂所需材料

（1）同厚度的 ALC 双拼板出厂检验报告；

（2）满足型式检验条件的同厚度的 ALC 双拼板型式检验报告；

（3）出厂的 ALC 双拼板应有产品质量保证书，其中包括生产厂名、工程名称、工程地址、产品标记及本批 ALC 双拼板的主要技术指标和生产日期等内容。

3.5 轻质墙板的安全生产

3.5.1 安全生产组织体系建立

1．厂部安全组织体系

厂部设置安全生产领导小组，负责统筹和组织全厂的墙板安全生产领导工作。

组长：总经理；

副组长：副总经理及生产经理；

组员：车间负责人。

2．生产安全小组

生产部设置安全生产小组，负责组织生产部门的安全生产管理工作。

组长：分管生产的副总经理；

副组长：车间负责人；

组员：车间安全员。

3．车间安全小组

车间设置安全生产小组，负责组织车间墙板安全生产工作的实施和管理。

组长：车间负责人；

副组长：车间安全员；

组员：各班组长。

3.5.2 安全生产制度建立

1. 车间安全作业规定

（1）车间及库房安排挤压陶粒混凝土墙板堆放时，堆放高度不超3层，以防倒塌伤人。

（2）不得在临空处、吊车下以及交通要道等危险地段作业。

（3）车间内外不得私拉乱接电线，不得让电线及电气设备淋雨。

（4）不得在生产现场使用明火。

（5）严禁不戴安全帽进入生产现场。

（6）每天必须在开工前进行安全教育和安全交底。

（7）临空作业时，必须佩戴安全带，做好安全防护。

（8）有电机旋转的部位必须安装安全拦护设施。

2. 卸、吊及堆放墙板安全要求

（1）成品墙板应堆放在指定的区域，按不同规格码放整齐，且堆高不应超过3层。

（2）吊运墙板应用坚固的软绳铆紧，防止掉下伤人，且吊板下不得站人。

（3）卸货时，操作人员应尽量站在墙板两侧，以免被砸伤。

（4）起板时，两人各用略小于板孔的圆铁棒插入墙板的第二孔中，将墙板轻轻抬起。在吊置墙板时，应放置稳固，防止墙板倒下伤人，严禁直接徒手搬抬墙板。

3.5.3 安全生产操作规定

（1）建立现场安全生产技术交底制度。根据安全生产操作规程的要求和现场实际情况，车间负责人须亲自组织，逐级进行书面的安全交底工作。

（2）工前安全检查制度。班组长必须在工前检查安全生产防护措施是否到位，如发现问题，应及时纠正。

（3）安装大、中型机械设备后，应实行安全验收制，凡不经验收的设备，一律不得投入使用。

（4）建立现场安全生产管理制度，车间负责人每周应组织全体操作工人进行安全生产教育，对上周存在的安全问题进行总结和重点整改，并对本周的安全重点和注意事项做必要的交底，使全体操作工人能做到心中有数，从思想意识上时刻绷紧安全生产这根弦。

（5）建立定期检查与隐患排查整改制度，车间定期进行安全隐患排查，制订防治措施。每周要组织一次安全生产检查，对于查出的安全隐患，必须定措施、定时间和定人员整改，并做好安全隐患整改销项记录。

（6）管理人员和特种作业人员实行年审制，每年由公司统一组织培训，加强生产管理人员的安全考核力度，增强安全意识，避免违章指挥。

（7）实行安全生产奖罚制与事故报告制，一旦发生安全事故，立即按规定逐级报告，根据发生事故的大小、性质及处置情况对相关人员进行奖罚。

（8）建立危急情况停工制，一旦出现危及职工生命财产安全的险情，要立即停工，同时立刻报告厂部，及时采取措施排除险情。

（9）实行特殊工种持证上岗制。特殊工种必须持有上岗操作证，严禁无证操作和违规操作。

3.5.4 文明安全生产管理

1. 针对安全生产的措施

（1）全员提高安全认识，筑牢安全堡垒，充分认识安全在确保生产顺利实施中的地位和重要性。要求领导要重视，生产指挥要得当，工人生产要用心，上下一条心，全力以赴，认真履行好自身的安全义务，把安全生产工作落实到位。

（2）加强管理，明确责任。安全生产是当前各项工作的主要任务之一，厂部和车间要制订与生产活动相适应的安全保障制度，充分调动生产人员的积极性，从内部挖潜，做到处处留心，人人安全。

（3）规范生产岗位操作行为，消除不安全因素。车间现场要做到规范管理，按流程施工，统一协调，杜绝盲动，减少操作失误，做到文明安全生产。加强工前和工后两会制度，交代安全事项、明确安全要求，对容易出现安全问题的地方加强监控。在工后会上，要检查当天生产中存在的安全问题与不足，提出整改意见，督促后期落实。

2. 安全生产控制

安全是保质保量按期完成墙板生产的重要保障。为了最大限度地发挥生产潜力，提高生产效率，针对生产实际，应制订如下安全生产保证措施。

（1）安全管理方针：安全第一、预防为主。

（2）安全组织保证体系：以车间负责人为第一责任人，建立生产负责人、安全员、班组长及工人等各方面的生产人员组成安全生产保证体系。

3. 安全管理工作

（1）车间负责整个生产过程的安全生产工作，严格遵照安全生产规程和安全技术措施规定的有关安全措施组织生产。

（2）生产过程和全体工人都应接受安全检查监督，认真做好班组安全生产技术书面交底工作，被交底人要签字认可。

（3）在生产过程中，应对薄弱部位及环节予以重点控制，从设备进场检验、安装及日常生产操作都要严加控制与监督。凡性能不符合安全生产要求的设备，一律不准使用。

（4）防护设备发生变动时，必须经车间安全员批准，变动后，要有相应有效的安全防护措施，作业完成后，应按原标准恢复，所有书面资料由车间安全员保管。

（5）对安全生产设施进行必要的、合理的投入。重要劳动防护用品必须购买定点厂家的指定产品。

4. 安全技术措施

（1）操作前，应进行安全检查，在生产操作环境、安全措施和防护用品及机具符合要求后方可施工；特别是高处临边作业，无防护设施时，不得进行生产劳动作业。

（2）登高高度超过 4m 时，必须搭设脚手架和安全网；脚手架上同一块脚手板上的操作人员不得超过 2 人。

（3）在楼层上作业时，堆放的机具不得超过使用荷载。

（4）机车运载墙板及物品时不得超载。

（5）运输车辆前后两车的水平距离不得小于 2m。

（6）卸、吊墙板时，应严格执行施工机械吊装要求。

（7）严禁私自拆除生产作业面防护。如有生产需要，必须申报，由专业班组拆除，待生产作业完毕后，应立即进行恢复。

（8）工人下班时，应关闭所有设备，并切断供电电源。

（9）按规定着装，佩戴安全防护用品。

5. 建立安全台账制度

每天应由安全员负责，认真做好安全记录，对当日发生的危急安全的苗头进行全面的分析，制订相应的措施，进行整改落实。

6. 文明生产及环保要求

（1）文明安全生产是工厂和车间综合管理水平的体现，涉及车间里每一个人员的生产、生活及工作环境，因此必须加强生产管理人员的文明安全教育，增强文明安全意识。

（2）保持车间整洁卫生，及时清理生产现场垃圾，并集中收集到指定的地点，及时运出车间，时刻保持生产现场的文明整洁。

（3）在生产过程中，自觉地形成环保意识，创造良好的生产工作环境，最大限度地减少生产中所产生的噪声与环境污染，应将参与生产的设备噪声控制在国家和地方有关环保规定所允许的范围内。

（4）制订文明安全生产制度，划分环卫包干责任区，做到责任到人。

（5）对于生产原材料、胶浆、混凝土、砂浆等，如在生产现场内和搬运过程中发生遗、漏、洒等情况，应及时清理干净。

（6）应合理归并生产中废弃的墙板碎块，集中堆放，及时清理，不得有无人过问的现象。

（7）生产班组长必须对班组作业区的文明安全现场负责。坚持谁作业谁清理，做到工完场清，下班前必须清理干净。

（8）生产人员应语言文明，行为举止合乎社会习俗，穿戴整洁，保持生活卫生，保持良好形象。

（9）生活区域干净整洁，无垃圾杂物，无污水；物体摆放有序，做到窗明几净，有条不紊。

（10）钢架构、罐桶的焊接要有遮挡，防止因火花四溢而引起火灾。

3.6 轻质墙板的生产信息化管理

3.6.1 轻质墙板生产信息化管理概述

随着轻质墙板工厂产量的大幅增长，墙板生产管理难度增加，而传统的人工管理效率低下，不能满足轻质墙板生产精益化的需求。如今信息化和物联网技术的发展为墙板生产精益化管理提供了便利。结合相关技术，可以实现墙板的生产自动化、质量可追溯化及管理精益化，对提升墙板生产的管理水平具有重要作用。

3.6.2 轻质墙板生产信息化管理相关技术

1. PLC 控制技术

PLC（可编程逻辑控制器）是一种数字运算操作的电子系统，专为在工业环境应用而设计，并通过数字或模拟式输入 / 输出控制各种类型的机械或生产过程，是工业控制的核心部分。将 PLC 和墙板生产管理平台相连，可将平台指令下发到生产设备，设备能够直接执行来自 MES、ERP 或者工业 APP 的指令，实现墙板生产过程中的原材自动下料、墙板自动切割及自动传送等功能，从而实现墙板生产的高度自动化。

2. 物联网技术

利用物联网技术将墙板生产设备与网络相连接，可实现在管理平台上对生产设备进行控制、状态实时监测及异常情况报警等功能，从而提高生产管理效率。

3. 二维码技术

通过二维码技术记录墙板生产过程中的相关信息，利用云服务将生产信息长期安全保存，实现墙板信息无纸化存储，提高信息存储质量。

3.6.3 轻质墙板生产信息化管理平台架构

轻质墙板生产管理平台一般由物联网硬件设备底层、SCADA 系统和 MES 系统构成，MES 和 SCADA 系统如图 3-6-1 所示。

物联网硬件设备底层由网关、PLC 控制器及生产监控设备构成，主要起数据实时采集和传输作用。

SCADA 系统主要对生产过程中的设备进行监督和控制，主要包括数据采集、设备监控、视频监控和智能联动。用户可在用户界面中实现对设备的远程监控与控制。

MES 系统主要用于墙板生产过程的信息化管理，主要包括原材管理、订单管理、排产管理、工程管理、质量管理和堆放管理等功能。利用 MES 系统，用户可以合理安排生产计划，充分利用资源，有效掌控生产全过程中的信息，对采集到的数据信息加以分析，从而为墙板生产及管理决策提供支持。

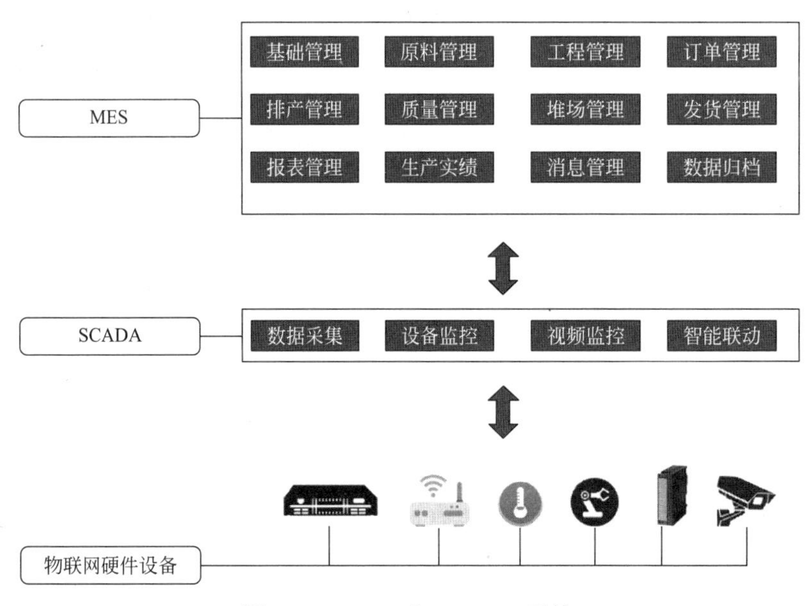

图 3-6-1　MES 和 SCADA 系统

3.6.4 轻质墙板生产信息化管理主要功能

目前，墙板行业中的生产信息化管理系统较少。下面以南通装配式建筑与智能结构研究院研发的“装配式部品生产管家”为例，对轻质墙板生产信息化管理功能加以介绍。

1. 基础数据管理

基础数据管理包含原材料供应商管理、经销商管理、物料编码维护及库区维护，为后续的墙板部品生产提供基础信息。

经销商管理功能可让管理者对厂商的相关信息一目了然。

如图 3-6-2 所示，利用物料编码维护功能，原料管理人员可对不同规格的原料进行编码，把握生产所需的各类型的原料。

物料编码维护 ×

物料名称　搜索　+ 添加

物料编码	物料名称	规格型号	物料计量单位	物料类型	创建人	创建时间	操作
SH001	石灰	15—35mm	吨	石灰	高太荣	2021-02-21 13:...	编辑 删除
GJJ00123	钢筋	8mm直径钢筋	吨	钢材	高太荣	2021-02-21 13:...	编辑 删除
SN001	水泥	PO42.5	吨	水泥	高太荣	2021-02-21 13:...	编辑 删除
FMH001	粉煤灰	1mm级	吨	粉煤灰	高太荣	2021-02-21 13:...	编辑 删除

图 3-6-2　物料编码维护页面

库区维护功能（图 3-6-3）为管理者对原料库和产品库的盘库提供便利。

库区名称　搜索　+ 添加

产线名称	产线描述	库区类型	创建人	创建时间	操作
产品库	无	成品库	高太荣	2021-02-23 11:00:54	编辑 删除
原材库	无	原料库	高太荣	2021-02-23 11:00:45	编辑 删除

图 3-6-3　库区维护页面

2. 工程维护

利用工程维护功能（图 3-6-4），管理者可掌握各供货工程的具体信息以及各工程部品的生产进度。

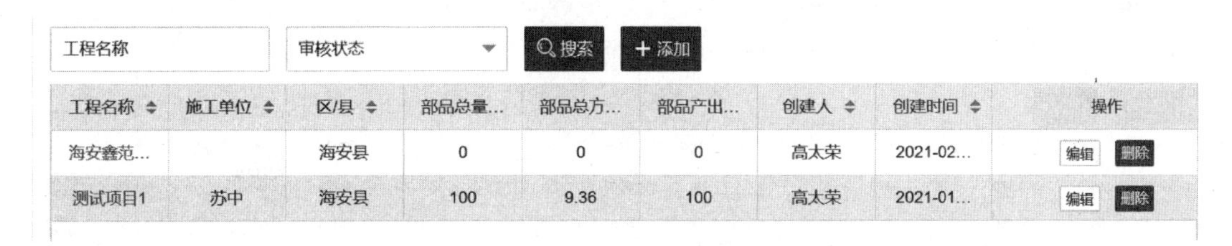

工程名称　审核状态　搜索　+ 添加

工程名称	施工单位	区/县	部品总量...	部品总方...	部品产出...	创建人	创建时间	操作
海安鑫范...		海安县	0	0	0	高太荣	2021-02...	编辑 删除
测试项目1	苏中	海安县	100	9.36	100	高太荣	2021-01...	编辑 删除

图 3-6-4　工程维护页面

3. 生产管理

生产管理版块主要包括产品库存管理、订单管理、排产管理和实物产出管理四个功能。

1）产品库存管理

利用产品库存管理功能（图 3-6-5），管理者可轻松掌握库区中各墙板部品的存量，从而对部品进行合理分配调用。

请选择 | 搜索 | 盘库 | + 新增库存

	库区	产品名称	产品尺寸...	当前库存...	初始库存...	已入库(块)	已出库(块)	当前库存...	入库人
○	产品库	蒸汽加压...	2850*60...	6.9768	100	0	32	68	ceshi
○	产品库	蒸汽加压...	2600*60.	11.232	20	100	0	120	ceshi

图 3-6-5　库存管理页面

2）订单管理

订单管理版块（图 3-6-6）可显示厂商所有的订单数量、交付日期、生产进度、应收账款和实收账款，便于了解各订单的情况。

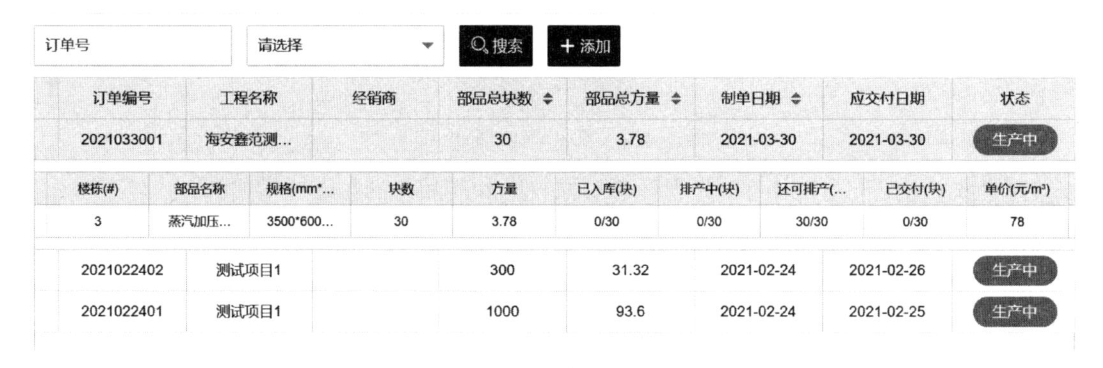

订单号 | 请选择 | 搜索 | + 添加

订单编号	工程名称	经销商	部品总块数	部品总方量	制单日期	应交付日期	状态
2021033001	海安鑫范测...		30	3.78	2021-03-30	2021-03-30	生产中
2021022402	测试项目1		300	31.32	2021-02-24	2021-02-26	生产中
2021022401	测试项目1		1000	93.6	2021-02-24	2021-02-25	生产中

楼栋(#)	部品名称	规格(mm*...	块数	方量	已入库(块)	排产中(块)	还可排产(...	已交付(块)	单价(元/m³)
3	蒸汽加压...	3500*600...	30	3.78	0/30	0/30	30/30	0/30	78

图 3-6-6　订单管理页面

3）排产管理

排产管理功能（图 3-6-7）可以帮助管理者合理安排生产计划，严格把控生产进度，同时，排产时，可以自动下发生产工艺参数，提高生产效率。

基本信息

排产日期*	2021-07-27	模数合计	216	生产釜数	12.0
板材产量(m³)	782.35	配砖方量(m³)	124.42	损耗方量(m³)	26.35
钢筋消耗(kg)	13074.9	网片数	6912		

+ 添加一行　← 返回

尺寸单位：mm

	模数	规格	尺寸1	隔1	尺寸2	隔2	尺寸3	留余	刀槽	配砖	配砖数	差额	网片1	网片2	网片3	数量片	操作
»	22	200	2470	120	2470	0	0	940	5660	240	4	-20	2430	2430	0	264	删除
»	8	100	5050	0	0	0	0	950	5650	240	4	-10	5010	0	0	192	删除
»	4	100	4550	0	0	0	0	1450	5150	240	6	10	4510	0	0	96	删除
»	2	100	2510	120	2510	0	0	860	5740	240	3	140	2470	2470	0	48	删除
»	22	200	2510	120	2510	0	0	860	5740	240	3	140	2470	2470	0	264	删除

图 3-6-7　排产管理页面

4）实物产出管理

利用实物产出管理功能，可实时更新墙板库存中的信息，便于管理者对库区中的产品进行实时盘点，了解产品完成进度。

4. 原材管理

原材管理主要包括原材采购备案、原材库存管理、原材进出明细三个功能，如图3-6-8所示。

1）原材采购备案

原材采购备案可帮助管理者清楚掌握原材来源，保证原材采购来源可靠。

入库单号　请选择　搜索　+添加　入库

		入库单号	入库状态	供货商	项目名称	运输公司	车牌号	操作
+	○	R210001	待入库	原材供应商1	测试项目1			编辑 删除
+	○	R210004	已入库	钢筋供应商	测试项目1			
+	○	R210003	已入库	钢筋供应商	海安鑫范…			
+	○	R210002	已入库	原材供应商1	测试项目1			
+	○	R210001	已入库	原材供应商1	测试项目1			

图 3-6-8　原材管理页面

2）原材库存管理

原材库存管理可准确反馈原材库区中的各个原料存量，为原材采购者提供采购参考，如图3-6-9所示。

请选择　搜索　领料　盘库

	库区	物料名称	物料编码	物料类型	数量	单位	入库人	入库时间
○	原材库	石灰	SH001	石灰	100	吨	ceshi	2021-02-24 …
○	原材库	水泥	SN001	水泥	100	吨	ceshi	2021-02-24 …
○	原材库	粉煤灰	FMH001	粉煤灰	10	吨	ceshi	2021-02-24 …
○	原材库	钢筋	GJJ00123	钢材	30	吨	ceshi	2021-02-24 …

图 3-6-9　原材库存管理页面

3）原材进出明细

原材进出明细可详细显示原材的进出情况，方便原材管理者对原材使用量进行核算统计，如图3-6-10所示。

5. 质量管理

在质量管理中，用户可上传试块强度报告、型式检验报告、原材检验报告，如图3-6-11所示。用户可通过信息化，将检验报告永久安全保存，也方便后期查询报告。

图 3-6-10　原料进出明细页面

图 3-6-11　质量管理页面

6. 发货管理

在发货管理中，发货人员可进行发货信息管理，方便追溯发货信息，如图 3-6-12 所示。

图 3-6-12　发货管理页面

7. 质保书系统

墙板部品电子质保书的功能是提升部品产品质量，促进墙板部品厂商提高质量管理水平。目前，墙板部品质保书功能在江苏省南通市试行，未来也将会推广到其他地区。采用墙板电子质保书是保证墙板部品产品质量的重要手段。

电子质保书功能主要记录墙板部品的基本信息、质量检测文档，通过扫描质保书上的二维码，可以查看其附带的质量检验电子文档，实现部品相关信息无纸化、电子化存储，为后期的产品质量可追溯提供了保障，电子质保书如图 3-6-13 所示。

南通市装配式建筑预制部品质保书

NO：202107150001

生产单位	南通鑫范新型建材有限公司	联系地址	曲塘镇工业集中区	认定编号	
		联系方式	××××	JSF190811899	
工程名称	测试项目1	工程地址	城东镇丰产村	运输车号	
出厂时间	2021-01-29	执行标准	GB/T 11968—2006、GB/T 15762—2008		

原材检验编号	粉煤灰	检00123号	水泥	检102	试块报告编号
	石灰	检0032	钢筋	检233号	检001

产品名称	产品尺寸	总块数	总方量	生产时间	抗压强度(MPa)	体积密度	尺寸偏差	外观质量	检验结论	型检报告编号
蒸汽加压混凝土墙板	2850×600×60	22	2.257	2021-07-02～2021-07-02	A3.5	B04	一等品	优等品	优等品	检002

检验结论：产品符合GB/T 11968—2006、GB/T 15762—2008规定的要求，准予出厂

检验人：1　　签发日期：2021-07-15

注：生产企业已建立售后服务体系，产品如有质量疑问请按上述电话与生产企业联系。

图 3-6-13　墙板部品电子质保书

第4章　轻质墙板施工

本章内容主要介绍陶粒混凝土墙板、ALC板与ALC双拼板三类轻质墙板的施工组织、施工机具、施工工艺流程以及质量控制要求，最后对轻质墙板的安全施工要点进行了概述。通过本章内容的学习，读者能够较为系统地掌握轻质墙板施工方面的专业知识。

4.1　施工组织与施工方案

4.1.1　施工组织

施工组织设计是工程施工全过程实行科学管理的重要手段。通过施工组织设计的编制，可以全面考虑拟建工程的各种具体条件，扬长避短地拟订合理的施工方案，确定施工顺序、施工方法、劳动组织和技术经济的组织措施，合理地统筹安排拟订的施工进度计划，保证拟建工程按期投产或交付使用。施工组织还可为拟建工程的设计方案在经济上的合理性、技术上的科学性和实施过程中的可能性进行论证并提供依据，为建设单位编制基本建设计划和施工企业编制施工计划提供依据。依据施工组织设计，施工企业可以提前掌握人力、材料和机具使用上的先后顺序，全面安排资源的供应与消耗，还可以合理地确定临时设施的数量、规模和用途，以及临时设施、材料和机具在施工场地上的布置方案。

1. 编制依据

施工组织设计是一个总的概念，根据编制对象范围的不同，常包括施工组织总设计、单项（位）工程施工组织设计及分部分项工程施工组织设计三种。编制施工组织设计时，必须掌握以下内容作为编制依据：

（1）主管部门的批示文件及建设单位的要求，如上级机关对该项工程的有关批示文件和要求、建设单位的意见和对施工的要求、施工合同中的有关规定等。

（2）经过会审的图纸，包括单位工程的全部施工图纸、会审记录、设计变更及技术核定单、有关标准图，较复杂的建筑工程还包括设备、电气及管道等设计图。

（3）施工企业年度生产计划对该工程的安排和规定的有关指标。

（4）应以施工组织总设计中总体施工部署及对本工程施工的有关规定和要求作为编制依据。

（5）资源配备情况，如施工中需要的劳动力、施工机具和设备、材料及墙板的供应能力和来源情况。

（6）建设单位可能提供的条件和水、电供应情况，如水、电供应量，水压、电压能否满足施工要求等。

（7）施工现场条件和勘察资料，如施工现场的地形、地貌，地上、地下的障碍物，工程地质和水文地质，气象资料，交通运输道路及场地面积等。

（8）预算文件和国家规范等资料：工程的预算文件等提供了工程量和预算成本。国家的施工验收规范、质量标准、操作规程和有关定额是确定施工方案、编制进度计划等的主要依据。

（9）国家或行业有关的规范、标准、规程、法规、图集及地方标准和图集。

（10）有关的参考资料及类似工程施工组织设计实例。

2. 编制原则

编制施工组织时，主要应遵循以下几点。

1）做好现场工程技术资料的调查工作

工程技术资料是编制单位工程施工组织设计的主要根据。原始资料必须真实，数据要可靠，特别是水文、地质、材料供应、运输及水电供应的资料。每个工程各有不同的难点，组织设计中应着重收集与施工难点有关的资料。有了完整、确切的资料，就可根据实际条件制订方案，并从中优选。

2）合理安排施工程序

各个施工阶段之间应互相搭接、衔接紧凑，力求缩短工期。

3）采用先进的施工技术并进行合理的施工组织

采用先进的施工技术，是提高劳动生产率、保证工程质量、加快施工速度和降低工程成本的主要途径。应组织流水施工，采用网络计划技术安排施工进度。

4）土建施工与设备安装的密切配合

某些工业建筑的设备安装工程量较大，为了使整个厂房提前投产，土建施工应为设备安装创造条件，设备安装进场时间应提前。设备安装应尽可能与土建搭接。在搭接施工时，应考虑到施工安全和对设备的污染，最好分区、分段进行。水、电、卫生设备的安装，也应与土建交叉配合。

5）施工方案应作技术经济比较

对主要工种工程的施工方法和主要机械的选择，要进行多方案技术经济比较，选择经济合理、技术先进且切合现场实际的施工方案。

6）确保工程质量和施工安全

在单位工程施工组织设计中，必须提出确保工程质量的技术和施工安全措施，尤其是新技术和本施工单位较生疏的工艺。

7）特殊时期的施工方案

在施工组织中，应注意雨期和冬期施工的特殊性，并应有具体的应对措施。对使用农民工较多的工程，还应考虑农忙时劳动力调配的问题。

8）节约费用和降低工程成本

合理布置施工平面图，能减少临时性设施和避免材料二次搬运，并能节约施工用地。安排进度时，应尽量发挥建筑机械的工效，做到一机多用，尽可能利用当地资源，以减少运输费用。正确地选择运输工具，以降低运输成本。

9）环境保护的原则

从某种程度上说，工程施工就是对自然环境的破坏与改造。环境保护是可持续发展的前提。因此，在施工组织设计中，应体现出对环境保护的具体措施。

3. 编制内容

根据工程的性质、规模、结构特点、技术复杂难易程度和施工条件的不同，施工组织设计编制内容的深度和广度也不尽相同。编制程序如图 4-1-1 所示，内容一般应包括如下几点。

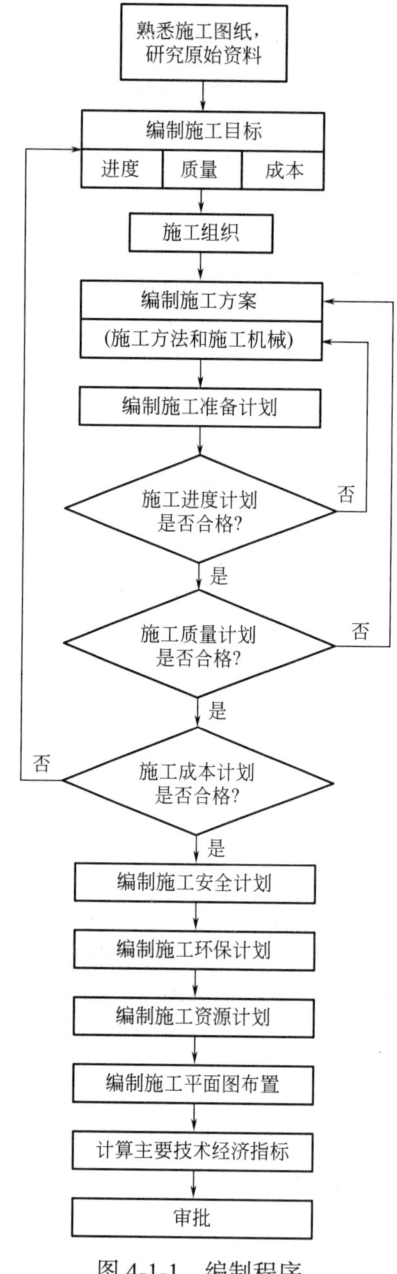

图 4-1-1　编制程序

（1）分部分项工程概况及其施工特点的分析；

（2）施工方法及施工机械的选择；

（3）分部分项工程施工准备工作计划；

（4）分部分项工程施工进度计划；

（5）劳动力、材料和机具等需要用量计划；
（6）质量、安全和节约等技术组织保证措施；
（7）作业区施工平面布置图设计；
（8）结束语。

4. 组织机构与人员配置

根据墙板安装工程的特点，以加强管理、便于协调和充实作业层为原则，建筑企业应设立相应的工程项目经理部。该项目经理部应设1名经理，负责项目工程墙板安装的全面管理；设1名技术负责人，负责项目墙板安装的技术与施工管理；设1名质量检查员，负责项目墙板安装的质量控制与管理；设1名安全监督员，负责安全文明管理。施工组织机构框图如图4-1-2所示。

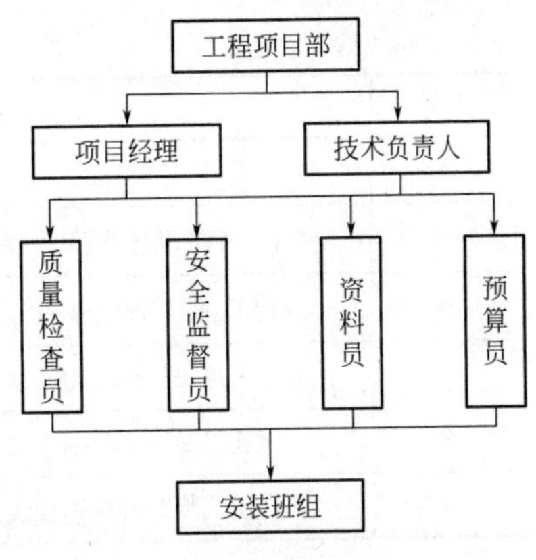

图 4-1-2 施工组织机构框图

墙板安装施工现场应成立以项目经理为负责人的工程项目部，配备技术负责人、质量检查员、安全监督员和预算员等技术人员。项目部应建立健全各项规章管理制度，坚持合理分工与密切协作相结合的原则，做好墙板安装各专业工种的合理配合，组建一支精干的施工队伍。

应按墙板安装技工和普工的合理比例和组织施工方式的要求，确定建立混合施工组或者专业施工组及其相应的人员数量。混合施工组一般承包墙板安装的上板、运板、立板安装、塞缝挂网全部工序的分项作业；专业施工组一般由分别承包上板、运板、立板安装、塞缝挂网等工序的分项作业组来分别完成墙板安装作业。按照开工日期和劳动力需要量计划，组织劳动力进场。

根据项目施工进度安排和现场实际的需要，有计划地分批投入施工工人，各工种工人要配比合理，保证工程的施工进度。

4.1.2 施工方案

施工方案设计是施工组织设计中非常重要的一环，是决定整个工程全局的关键。施工方案选择得恰当与否，将直接影响整个工程的施工效率、进度安排与施工质量等。因此，设计之初，需设计多个方案，再经认真分析比较，从中选择最优方案。施工方案的设计主要包括编制依据、工程概述、施工准备等内容，下面就各部分内容逐一详细介绍。

1. 编制依据

编制依据常包括施工图纸及设计单位对施工要求、国家有关建筑工程法律法规、规范性文件等。墙板施工方案设计常遵循的规范及标准见表4-1-1。

常见墙板施工方案设计应用规范及标准 **表 4-1-1**

序号	名称	编号
1	《建筑用轻质隔墙条板》	GB/T 23451—2009
2	《建筑轻质条板隔墙技术规程》	JGJ/T 157—2014
3	《蒸压陶粒混凝土墙板应用技术规程》	DBJ/T 15—84—2011

续表

序号	名称	编号
4	《工程测量标准》	GB 50026—2020
5	《建筑施工安全检查标准》	JGJ 59—2011
6	《建筑施工高处作业安全技术规范》	JGJ 80—2016
7	《建筑机械使用安全技术规程》	JGJ 33—2012
8	《施工现场临时用电安全技术规范》	JGJ 46—2005
9	《建筑装饰装修工程质量验收标准》	GB 50210—2018

2. 工程概述

工程概述主要包括工程建设概况、工程建设地点与环境特征、设计概况、施工条件和工程施工特点五个方面的内容。

3. 施工准备

墙板施工准备包括以下内容：①施工技术的准备；②原材料物资的准备，包括施工工具、板材及辅材；③成立项目部，建立健全各项规章制度，组建专业施工队伍；④进场条件准备，确定前道工序完成后，现场工整干净，堆场规划合理且平整无积水，场地内部道路通畅；⑤进场材料检验，包括墙板和配套安装材料。

4. 施工计划

工程实施总进度计划包含本项目完成所需的工序及时间，项目负责人应结合工程本身特点，选择采用平行施工、顺序施工或流水施工的作业方法，合理安排工作，并根据现场情况，及时调整计划。

5. 施工安装步骤及施工注意事项

应明确墙板安装步骤，明确重要工序的注意事项，着重明确超高墙体、门窗洞口等建筑构造施工的注意事项。对有具体防水和防火等性能要求的构造，有针对性地提出施工方案，对后续管线安装、成品保护及墙面裂缝处理等提出明确施工要求。

6. 工程质量保证措施

由项目部组织专人负责，针对材料进场、成品保护及施工等各道工序提出明确的工程质量要求，并根据要求严格把控质量。

7. 安全、文明施工

应针对墙板运输及接板防倾倒等专项工作提出专项安全施工措施，明确施工机具的安全使用规范，提出施工作业的安全要求及现场日常安全管理方法。

8. 工程验收

应明确工程验收的一般规定，确定包括隐蔽项目的验收内容，明确检验方式及检验标准。

工程常用材料应进行现场验收，对于涉及安全和使用功能的项目，应进行复验。复验批次应符合《绿色建筑工程施工质量验收规范》DGJ 32/J 19—2015 的要求，验收项目及标准见表 4-1-2。

工程质量验收应符合现行国家标准《建筑装饰装修工程质量验收标准》GB 50210—

2018 和《建筑工程施工质量验收统一标准》GB 50300—2013 的有关规定。民用建筑工程的隔声性能应符合现行国家标准《民用建筑隔声设计规范》GB 50118—2010 及国家现行有关产品标准的规定。

验收项目及标准　　表 4-1-2

序号	项目名称	允许偏差 /mm	检验方法
1	墙体轴线位移	3	用经纬仪（或拉线）和尺检查
2	墙面垂直度	3	每层吊线
3	表面平整度	3	2m 靠尺、塞尺检查
4	拼缝高差	1	靠尺、楔形塞尺检查
5	洞口偏移	±8	钢尺检查
6	阴阳角方正	3	用方尺及楔形塞尺检查

4.2　轻质墙板安装常用辅材

4.2.1　金属类辅材

墙板安装工程中使用的金属类辅材主要包括 ϕ4mm 射钉、ϕ6mm 钢钉、镀锌 U 形卡、L 形角码、钩头螺栓及双头螺栓等。图 4-2-1 为相关金属类辅材，表 4-2-1 为安装金属类辅材要求。

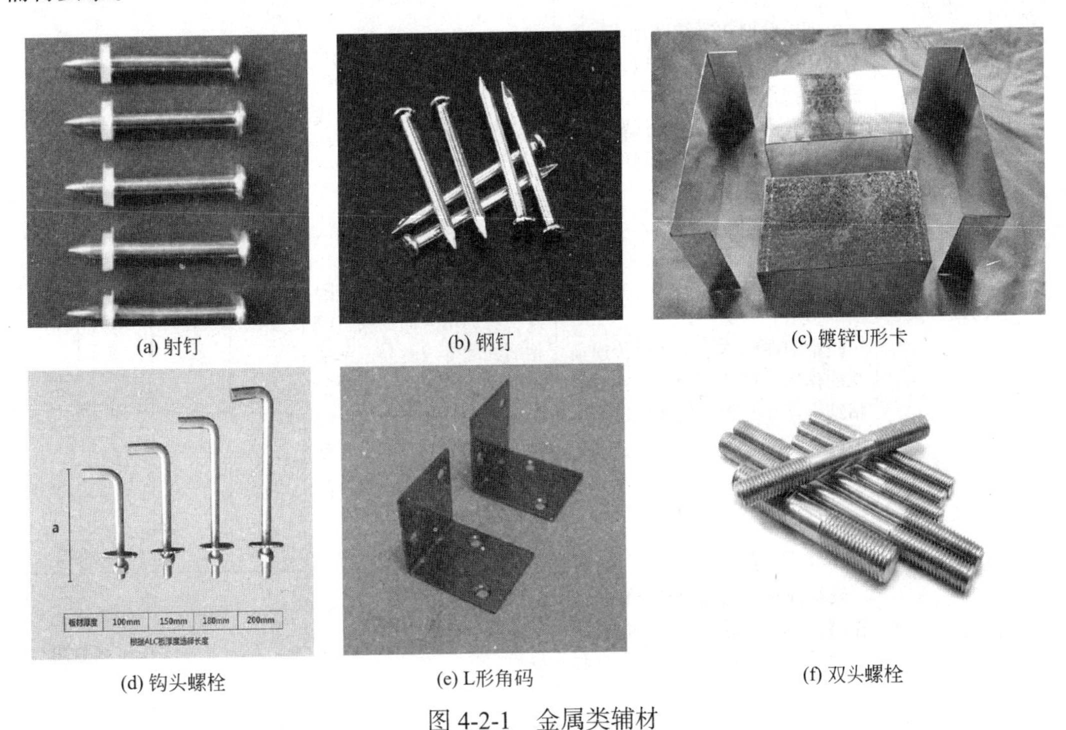

(a) 射钉　(b) 钢钉　(c) 镀锌U形卡

(d) 钩头螺栓　(e) L形角码　(f) 双头螺栓

图 4-2-1　金属类辅材

金属辅材安装要求　　表 4-2-1

名称	规格、型号、执行标准	主要性能	注意事项
射钉 / 射弹	ϕ4mm×50mm，镀锌水泥钉 ϕ6.5mm×11mm，H 形	紧固连接作用，固定钢卡用	长度不宜小于 50mm
L 形角码	100mm×60mm×60mm，厚 1.5mm；Q235 镀锌钢板	固定墙板	L 形角码的厚度不应小于 1.5mm
钢钉	ϕ6mm×100mm，镀锌水泥钉	穿凿力强	
U 形钢卡	热镀锌，Q235 镀锌钢板，L=60mm，b=50mm，d=1.5mm，（L 是底宽，b 是侧高，d 是壁厚。）	受力大，安全稳定，坚固耐久，安全可靠	长度根据墙板厚度确定，使用前应做好防锈处理

4.2.2　胶粘剂类辅材

使用专业胶粘剂时，须依现场情况兑适量水拌和后待用，水灰比取 0.4 左右。胶粘剂稠度视墙板安装时的湿度和温度情况作适当调整，以墙板竖起，而刮在板侧的胶浆不往下流淌为佳。专业胶粘剂材料相关性能如表 4-2-2 所示。

胶粘剂材料性能明细表　　表 4-2-2

<table>
<tr><th colspan="2">行业测定项目</th><th>作用</th><th>影响结果</th><th colspan="2">国家标准</th><th colspan="2">行业标准</th></tr>
<tr><td colspan="2">外观</td><td>判断胶粘剂是否有受潮现象</td><td>影响胶粘剂的质量</td><td colspan="2">均匀、无结块</td><td colspan="2">均匀、无结块</td></tr>
<tr><td colspan="2">保水率 /%</td><td>保证胶粘剂在凝结硬化前，胶粘剂中的水不被基层吸收，不因失水过快而导致胶粘剂中的水泥没有充分水化，从而降低胶粘剂本身强度和胶粘剂与基层的粘结强度</td><td>保水率差，会造成塑性开裂；保水性差，会造成空鼓，并造成施工困难</td><td colspan="2">≥ 99.0</td><td colspan="2">≥ 99.0</td></tr>
<tr><td rowspan="2">强度</td><td>强度等级</td><td rowspan="2">胶粘剂在砌体中主要起传递荷载的作用。试验证明：胶粘剂的粘结强度、耐久性均随抗压强度的增大而提高</td><td rowspan="2">砌筑胶粘剂的粘结力随其强度的增大而提高，胶粘剂强度等级越高，粘结力越大。水泥强度越高，每立方米胶粘剂中的水泥用量越少。水泥用量越少，砌筑胶粘剂的和易性就越差</td><td>M5</td><td>M10</td><td>M5</td><td>M10</td></tr>
<tr><td>28d 抗压强度 /MPa</td><td>≥ 5</td><td>≥ 10</td><td>≥ 5</td><td>≥ 10</td></tr>
<tr><td colspan="2">收缩率 /%</td><td>胶粘剂收缩也成为自干燥收缩作用，会导致混凝土体的相对湿度降低及体积减小而最终自身收缩，进而影响胶粘剂的质量</td><td>收缩率过高，会导致开裂</td><td colspan="2">—</td><td colspan="2">≤ 0.20</td></tr>
</table>

续表

行业测定项目		作用	影响结果	国家标准	行业标准	
14d 拉伸粘结强度 /MPa		由于胶粘剂与基层共同构成一个整体，只有胶粘剂本身具有一定的粘结力，才能与基层实现有效的粘结，并长期保持这种稳定性	拉伸粘结强度低，会导致开裂、空鼓、脱落	—	M5	M10
					≥ 0.3	≥ 0.4
抗冻性	强度损失率 /%	胶粘剂在含水状态下具有经受多次冻融循环作用而不破坏、强度也不显著降低的性质，可以抵御低温地区的侵袭，是北方寒冷地区需考察的因素	抗冻性差，会导致处于严寒地区的建筑物发生冻融破坏现象，会影响建筑物的长期使用和安全运行	≤ 25	≤ 25	
	质量损失率 /%			≤ 5	≤ 5	
抗折强度 /MPa		由于直接受砌体荷载的重复作用及环境因素（如温度、湿度）的影响，胶粘剂需要一定的抗折强度要求	强度不够，会导致开裂甚至断裂	—	2.2	

随着国家对环境污染问题的重视以及人们环保意识的提高，干粉砌筑胶粘剂在近 10 年已经得到了可观的发展，逐渐在市场上占主导地位。随着装配式建筑的不断发展，现已涌现出一大批从事绿色墙体胶粘剂材料研发、生产与销售的科技型企业，如江苏智聚智慧建筑科技有限公司研发的轻质墙板专用胶粘剂，各综合性能均表现优异。蒸压加气混凝土墙体专用胶粘剂主要表现如下：28d 抗压强度 M5.0 级为 8.3MPa，M10.0 级为 17.5MPa；保水率为 99.3%，14d 拉伸粘结强度（与蒸压加气混凝土粘结）M5.0 级为 0.4MPa，M10.0 级为 0.6MPa；在抗冻性方面，强度损失率为 20%，质量损失率为 2.3%；抗折强度为 2.8MPa。蒸压陶粒混凝土墙体专用胶粘剂主要表现如下：28d 抗压强度 M5.0 级为 18.5MPa，M10.0 级为 24.6MPa；保水率为 99.3%；14d 拉伸粘结强度（与蒸压加气混凝土粘结）M5.0 级为 0.4MPa，M10.0 级为 0.6MPa；在抗冻性方面，强度损失率为 18%，质量损失率为 2.6%；抗折强度为 2.8MPa。

4.2.3 其他辅材

除金属类和胶粘剂类辅材外，在墙板安装工程中，还会涉及其他辅材，如耐碱玻纤网格布、轻质隔墙板专用垫块、EPS 泡沫棒、胶塞、抗震胶垫、木楔、泡沫块等，如图 4-2-2 所示。

(a) 耐碱玻纤网格布

(b) EPS泡沫棒

(c) 木楔

图 4-2-2 其他辅材（一）

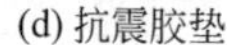

(d) 抗震胶垫

(e) 泡沫块

图 4-2-2　其他辅材（二）

安装辅材的要求见表 4-2-3。

安装辅材要求表　　**表 4-2-3**

名称	规格、型号	主要性能	注意事项
专用水泥	强度等级大于 32.5 级的 R 型水泥	3d 抗压强度 ≥ 5%，28d 压强度 ≥ 32.5MPa，初凝时间 ≥ 45min 且 ≤ 10h	使用前，先进行抽样复试，合格后方可使用
EPS 泡沫棒	ϕ40mm，L=100~150mm，EPS 泡沫	不会受潮，具有很好的柔韧性	
塑料膨胀胶塞	ϕ10，L=50~70mm	弹性好、拉力大、耐冲击、不破裂、硬度强、不生锈、弹力大	
耐碱玻纤网格布	每平方克重 ≥ 160g、纵横向抗拉强度 ≥ 1200N/5cm、延伸率大于 2%、F-10 厚度 <0.25mm、宽度 100±3mm、宽度 50±2mm	化学稳定性好，抗碱耐酸、耐水和耐水泥侵蚀、抗其他化学腐蚀	须下料准确，不允许折叠
水	饮用水	拌和水泥	饮用水或无污染河水
轻质隔墙板专用垫块	70mm×45mm×10mm～70mm×45mm×40mm	防水、高强、防滑、耐腐蚀	

注：配件热镀锌要求，热浸镀锌层不宜小于 175g/cm^2；普通钢卡应进行防锈处理，并不应低于热浸镀锌的防腐效果。

随着建筑行业的快速发展，装配式结构也迅速发展。预制板墙的拼装过程是装配式建筑的重要部分。在现有的装配技术中，木质垫块（俗称“木楔”）被大量用于调整板墙，但是木质垫块在后期需要拔出，并填补取出后遗留的孔洞；这不仅增加了工程量，还有可能造成墙板的不均匀下沉和胶粘剂接缝处开裂，影响装配质量，造成连接不牢固，从而产生安全隐患。同时，受限于自身的材质劣性及其力学性能的薄弱，在受压的工作状态下，木质垫块会伴随着慢性塑性变形，甚至压坏，造成严重后果，耽误工程进行。

针对目前墙板安装过程木质垫块使用的相关问题，出现了新型轻质墙板专用垫块及应用技术，很好地解决了木质垫块应用的痛点。新型轻质墙板专用垫块具有结构简单、施工方便、价格低廉等优点，并且能有效完善或解决木质垫块存在的不足，提高装配质量，提高墙板安装的装配速率，新型轻质墙板专用垫块如图 4-2-3 所示。

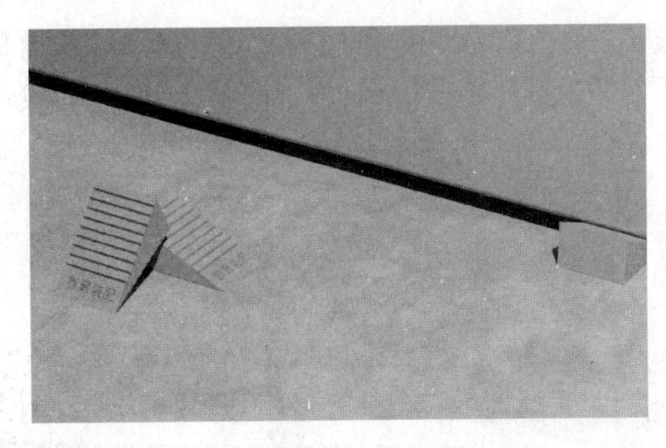

图 4-2-3　新型轻质墙板专用垫块

综上所述，轻质隔墙板专用垫块相对于现有技术具有以下优势：

（1）墙板调整完毕后，保留墙板内受压的垫块部分，将墙板外未承压垫块部分截断，或者在楼板地面找平时直接覆盖，从而提高装配质量，且价格低廉，施工方便。

（2）表面设有抗滑移的刻痕，在垫块的使用过程中提供了较大的摩擦力，提高了装配的稳定性。

（3）轻质隔墙板专用垫块采用尾矿机制骨料高强混凝土，强度大，不变形，在受压的状态下，不会发生慢性塑性变化，更不会被压坏，避免了装配墙板时发生的不均匀下沉或者侧边粘结缝开裂的严重后果，更不会影响装配的进程，从而提高了装配质量。

（4）垫块内嵌，仅需填缝，减少了工程量，节省了时间，缩短了工期。

（5）轻质隔墙板专用垫块的材质为尾矿机制骨料高强混凝土，结构简单，节能环保，施工方便。

4.3　施工机械及工具

4.3.1　轻质墙板安装施工机械

施工机械是指用于基本建设领域的各类专用施工机械的总称。墙板安装现场的常用机械主要有人货梯、塔式起重机（或吊车）和叉车。人货梯主要用于墙板的垂直运输。塔式起重机（或吊车），主要用于地下室和楼面上人货梯不能到达的地方，或者人货梯拆除后，墙板上楼的垂直运输。叉车主要用于现场墙板的水平运输和装卸车。

目前，针对轻质墙板施工现场作业劳动效率低和作业人员劳动强度大等问题，市场也推出了相应的专业施工机械，如图 4-3-1～图 4-3-3 所示。目前市面上的轻质墙板施工现场辅助机械装备主要包括：水平运输装备以及安装装备，墙板在现场的水平运输可采用叉车和运板车，在施工空间足够宽敞的情况下，可安排如图 4-3-1 所示的带驾驶室的叉车对墙板进行运输。当运输受空间限制时，可采用简易式叉车（图 4-3-2）。通常墙板在堆场堆存后，还需要由转运小车送到各个具体的施工区域，除常见的传统运板车，图 4-3-3 所示的电动运板车目前也因效率高、可减轻大量劳动力和操作简单等优点而深受施工方欢迎。板材运输至施工区域后，可通过专用的安装机实现，目前市面上常见的墙板安装机主要分为以下三种形式，如图 4-3-4～图 4-3-6 所示，分别为简易墙板辅助安装装备、机械臂式安装机及龙门导轨式安装机三种。简易墙板辅助安装装备的主要功能为立板，可减轻安装工人立板的工作量，但不包括板材升降功能。而专业的墙板安装机，包含升降和立板双重功能，适用于多种安装工况。

图 4-3-1　常见叉车

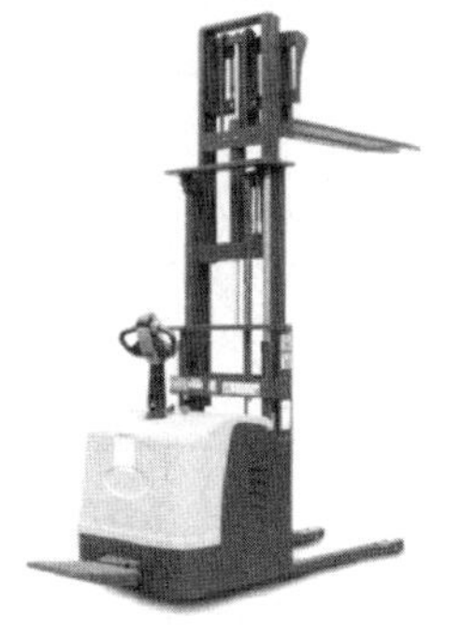

图 4-3-2　简易式叉车

图 4-3-3　电动运板车

图 4-3-4　简易墙板辅助安装装备

图 4-3-5　机械臂式安装机

图 4-3-6　龙门导轨式安装机

4.3.2　轻质墙板安装常用工具

轻质墙板施工现场除需要大型施工机械外，还需要施工辅助工具，如图 4-3-7 所示，包括墙板射钉枪、激光水平仪、靠尺、撬棍、灰刀、搅拌桶、搅拌机、毛刷、卷尺、运板车、弹线盒、冲击钻和铁锤等，规格型号可参考表 4-3-1。

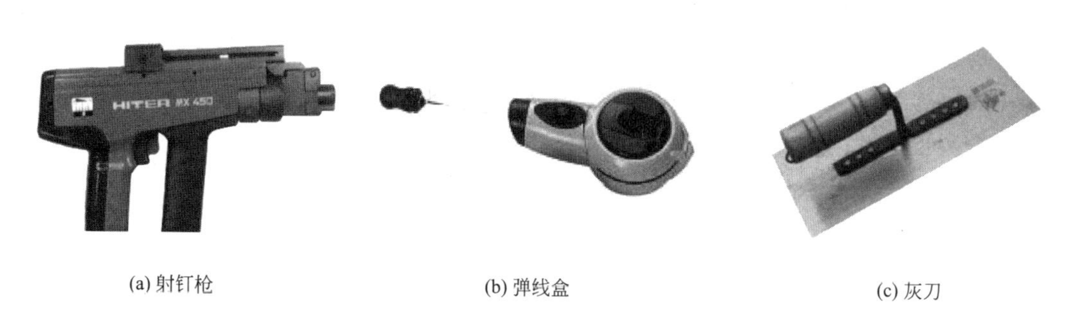

(a) 射钉枪　　(b) 弹线盒　　(c) 灰刀

图 4-3-7　常用工具（一）

(d) 冲击钻　(e) 激光水平仪　(f) 运板车

(g) 靠尺　(h) 撬棍　(i) 搅拌机

(j) 搅拌桶　(k) 铁锤

(l) 毛刷　(m) 卷尺

图 4-3-7　常用工具（二）

轻质墙板安装的机械工具名称、规格型号表　**表 4-3-1**

序号	工具名称	规格型号	备注
放线工具			
1	钢卷尺	5m	购置
2	双人梯		自制或购置
3	木工铅笔		购置
4	墨斗		购置
5	墨线		购置
6	吊线坠		购置
7	水平软管		测量、高度找平用
8	扫把		购置

续表

序号	工具名称	规格型号	备注
9	水桶		购置
10	抹子		购置
11	投线仪		购置
12	安全帽		购置
安装机械、工具			
1	手提切割锯		购置
2	电缆线		购置
3	铝合金尺		购置
4	木楔		自制
5	撬棒		自制
6	双人梯		自制或购置
7	钢卷尺	5m	购置
8	木工铅笔		购置
9	铁锤	2p	购置
10	铁锹	拌料	购置
11	射钉枪		购置
12	冲击钻		购置
13	脚手架		购置
14	运板小车		自制
15	毛刷	6寸、4寸	购置
瓦工			
1	泥抹子		塑料、钢板制
2	灰桶		购置
3	螺丝刀	十字形、一字形	购置
4	电笔		购置
5	配电箱		购置
6	插头、插座		购置
7	凿子		购置
卸、吊墙板			
1	木方	50mm×100mm	自制
2	撬棍（抬棒）	ϕ50mm×800mm	木质或钢质

续表

序号	工具名称	规格型号	备注
3	麻绳卸、吊墙板	ϕ25mm	购置
4	毛竹杠	ϕ80mm，长 1100mm	自制
细部处理工具			
1	双人梯		自制、购置
2	射钉器	SDQ-301	购置
3	泥工工具		全套
4	毛刷	6 寸、4 寸	购置

4.4 轻质墙板运输及堆放

4.4.1 出厂运输

因轻质墙板的生产是在轻质墙板厂完成的，因此出厂后，如墙板损坏，将难以修补，可能会造成耽误工期等后果，因此轻质墙板的运输及其在堆场中的堆放非常重要。

轻质墙板在运输前需进行运输准备，准备工作大致包括以下内容：制订合理的运输方案，设计并制作运输架，清查墙板，查看运输路线。墙板运输时不得平抬，应侧抬侧放，相互紧靠，抬放时可用抓钩钩住，也可用绳索系在板侧两端。运输需满足以下要求：①首批板材出厂时，应包含产品合格证及产品性能检测报告；②板材在梅雨季节出厂运输时，应采用妥善的防雨包装和绑扎，每 6 块板（不超过 600mm）扎成 1 包，包与包之间用木架隔开，并捆扎牢固；③板材应由工厂直接运至施工现场，当进入施工现场后，应减少转运次数。如施工过程中需要装卸转运，宜采用专用工具装卸，吊装时，应采用宽度不小于 50mm 的尼龙吊带兜底起吊，严禁使用钢丝绳吊装。ALC 板出厂运输如图 4-4-1 所示。

图 4-4-1 ALC 板出厂运输

4.4.2 轻质墙板的堆场堆放

（1）轻质墙板的存放与养护环境应符合要求。混凝土轻质墙板应在生产后经过一段养护期，通常应超过 21d 才能出厂。墙板安装后进入现场静养阶段，此时应有良好的周边环境，保持室内的通风及适宜的温度和湿度，不得让墙板受到振动、碰撞及其他扰动。

（2）不得将轻质墙板置于烈日下暴晒，不得淋雨，不得受冻。由于轻质墙板两侧的硬化速度不一致，在雨季和高湿度地区，必须适当延长墙板养护期，使轻质墙板完全干燥后再行安装，以避免墙体出现裂缝。

（3）应正确放置轻质墙板，严禁平抬、平放。轻质墙板成型后，大多处于混凝土的凝固初期状态。在这种情况下，尽管板体具有一定的强度，但墙板自身各部分的强度仍有很大的差异，因此轻质墙板必须侧立放置在平坦的地方，堆放要平稳。否则，板体容易变形，影响平整度。轻质墙板的码放通常采用堆垛方式，每个堆垛高不得超过 3 层，每层板下都要有方木衬垫，且侧向堆放角度应大于 75°。

（4）轻质墙板运输至堆场堆放时，要求堆放地应坚硬平整，干燥通风，现场堆放需满足以下要求：

① 板材堆放必须防雨、防积水、防扰动和防污染。

② 堆放时，应考虑方便直接运输上楼，避免二次倒运。

③ 墙板堆放时，在距板端 $L/5$ 处分别设置垫木，垫木尺寸不小于 900mm×150mm×150mm；按 600mm 为 1 层，每堆最高设置不得超过 3 层，总高度不超过 1.5m。堆放如图 4-4-2 所示。

图 4-4-2 轻质墙板堆放

4.4.3 场内运输

轻质墙板由厂家运送至建筑施工场地内后，需要由转运小车送到各个具体的施工区域。通常采用手动搬运或采用运板车进行运输。其中，手动搬运效率低下，并且耗费人工，工人在搬运过程中还容易因工地施工而造成跌倒而使墙板损坏。而普通平板式小车在搬运过程中也因缺乏对轻质墙板限位功能，使其在运输过程中容易因不稳定而造成板材的损坏。因此，根据施工效率需求及建筑工业化的推动，电动运输车也逐渐开始普及应用。

4.5 陶粒混凝土墙板的施工

4.5.1 陶粒混凝土墙板施工工艺

陶粒混凝土墙板是一种新型装修材料，由于其质量轻、强度高、保温隔热效果好，且安装简便，因此颇受广大消费者青睐。下面介绍陶粒混凝土墙板的安装流程与施工工艺。

1. 陶粒混凝土墙板安装工艺流程

陶粒混凝土墙板安装工艺流程图如图 4-5-1 所示。

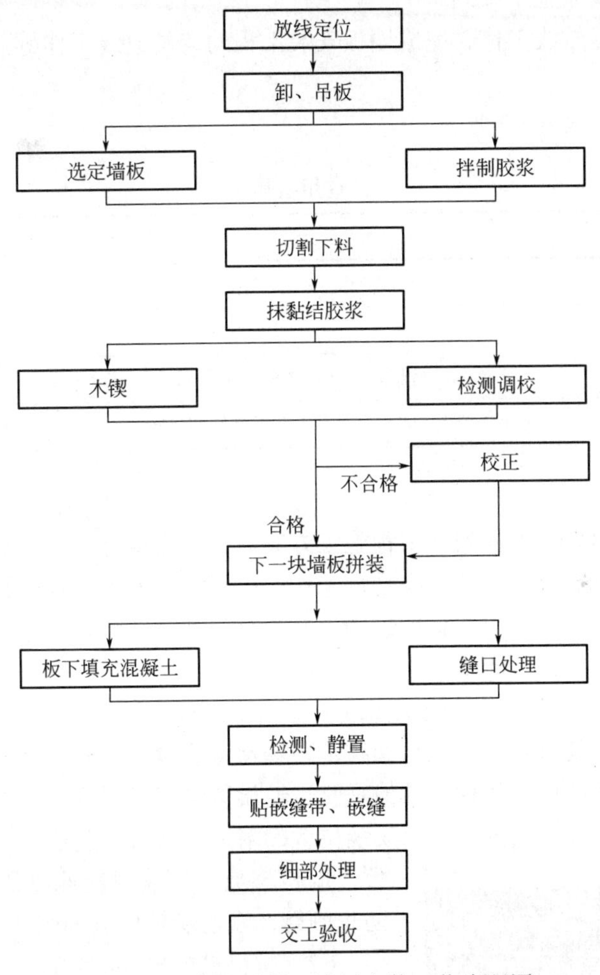

图 4-5-1 陶粒混凝土墙板安装工艺流程图

2. 施工准备

施工准备包括施工技术准备、现场准备、材料准备及劳动力和机具准备，均应在工程开工之前完成。

1）技术准备

墙板安装项目部组织技术人员进行现场踏勘，认真学习技术规程、标准和工艺规程，熟悉施工图纸，核对建筑和结构、土建与设备安装专业图纸之间的尺寸是否一致。

认真配合（建设）总承包单位和设计单位做好墙板墙体的深化设计工作，进一步完善墙板安装专业设计，做好图纸深化确认工作，并绘制配板图。

在深化设计完成后，对施工管理人员进行设计交底和技术交底工作，把墙板安装工程的设计内容和施工技术要求向施工人员进行详尽地讲解，交代清楚；对作业施工人员进行施工安全教育和培训，切实提高施工人员的安全意识。

认真进行施工组织设计，制订详尽的施工方案以及细致的质量和安全管控措施，并通过严格实施施工方案，落实项目管理技术责任制。

认真编制施工图预算和墙板等材料计划、劳动力需求计划和施工机具的配置计划，编制切实可行的墙板安装施工计划。

做好现场的测量放线工作，完成墙板安装工程的定位放线工作等。

2）机具准备

常用施工机具如表 4-5-1 所示。

常用机具 **表 4-5-1**

类别名称	工具类	设备类
放线	墨斗、扫帚、铅笔、卷尺	投线仪、梯子
运板	—	运板小车
装板	夹具、撬棍、铁锤、木楔、2m 靠尺	电圆锯、脚手架
其他	灰桶、灰板、水管、瓦刀、耐碱玻纤网格布等	

3）材料准备

应根据施工图预算、墙板安装工程施工方案、施工进度计划，合理安排各种施工材料的备用量，并按规定进行材料的组织采购工作，拟订墙板材料的运输计划和运输方案，按照施工总平面图的要求分批组织材料进场，并把它们堆放在预定位置，按规定的方式进行储存和保管，同时做好保护措施。

（1）主材准备：应按照设计施工图纸计算出本工程中各楼层所需墙板的规格及数量。根据施工计划要求，及时将墙板运送到施工现场预定位置后，先将墙板从运输货车上卸下堆放在临时堆场，然后用人货梯或其他垂直运输设备将其运送到将要安装的楼层上。墙板运到楼层后，再运送到楼层内的各个安装位置的附近，并按工艺摆放。现场墙板应分类堆放，墙板堆放、运输时应侧立码放，并应采取措施防止倾倒，现场墙板堆放如图 4-5-2 所示。

图 4-5-2　现场墙板堆放图

（2）材料进场检验应满足以下要求。

① 墙板进场应分批进行检查、验收和复检，同一厂家、同品种和同规格的墙板每 $1500m^2$ 为一批，不足 $1500m^2$ 按一批计。复检项目为外观质量。

② 安装的配套材料和配件均应满足工程设计要求。进场时，应提交产品合格证和检验报告等文件。

③ 墙板以及配套材料和配件应由专人负责检查、验收和复检，并将记录和资料归入工程档案，不合格

的墙板和材料、配件不得进入施工现场。

（3）现场准备：墙板安装施工现场前道工序已经完成并通过验收；现场具有墙板安装作业面；现场外围应清理干净，运输道路通畅；有足够的板材堆放场地，场地应平整、干净且无积水；墙板施工场地内道路畅通；具有室外垂直运输工具、楼层内的水电接驳口。

3. 陶粒混凝土墙板安装的施工方法

（1）采用上顶下塞，即采用墙板上端顶住梁或板，下端用木楔塞紧或用胶浆塞满的安装法。半干法施工工艺，即采用预拌胶浆现场和水即拌即用的半干法的安装工艺。

（2）分组安装，每组 2～3 人方可进行施工作业。

（3）进行施工质量、安全、进度的监督和控制。

（4）安装陶粒混凝土墙板时，可对水电管线和线盒的敷设进行集成，通过对板材的裁切、组装和集成施工，实现质量好、工期短、节约资源、便捷安全的建设目标。

4. 陶粒混凝土墙板安装工序

（1）清理：将楼面垃圾清理干净，并将楼面上、梁板下和墙柱侧的墙板结合处混凝土基层上的浮渣清除干净。

（2）放线：在楼面墙板安装部位弹出墙板两侧面的位置墨线，以保证墙板安装顺直、位置正确；分别在结构面、地面弹出基准线，同时标出门窗洞口位置。

（3）运板：用专用小推车将墙板搬运至安装位置。

（4）墙板整理：根据墙板长度要求用手提电锯机进行墙板切割，调整墙板的宽度和长度，或预留线管接口槽洞，使墙板满足安装要求。

（5）清理板面，并在板的上端孔洞口部塞上 EPS 棒。

（6）板侧、板顶固定钢卡。

（7）上浆：先用预拌胶粘剂干粉掺入适量建筑胶，并加水拌和，再用清水湿润墙板侧面的凹凸槽，然后将拌和的胶粘剂抹在墙板的凹凸槽内和地板基线内。

（8）立板：从主体结构面一侧开始向另一侧安装。如遇有门窗部位，就从门窗两侧开始安装。将隔墙板安装的最后工序留在中间，剩多宽就顺切多宽，并将其安装在最后部位。将涂覆好胶粘剂的墙板搬抬到拼装位置，立起后，上下对好墨线位置，用铁撬棍将墙板从底部撬起，用力使板与板之间靠紧，上端挤紧，立板及侧面打浆，如图 4-5-3 和图 4-5-4 所示。

图 4-5-3　墙板安装立板图

（9）就位固定：对准墨线，用撬棍尽力在底部撬动，上端顶紧，板边严实，使胶粘剂从接缝中挤出，以保证砂浆饱满；底部用木楔塞牢，将其临时固定。

（10）校正：先检查墙板的平整度、垂直度，用 2m 的靠尺分别以左上右下、右上左下、水平、垂直四个方向对墙板进行靠测；如发现有不符要求的，用铁撬棍进行调整校正。平整度检测如图 4-5-5 所示。

图 4-5-4　墙板安装侧面打浆

图 4-5-5　墙板平整度检测

（11）木楔洞塞浆：安装校正好的墙板应静置 4d 以上。静置完成后，取出木楔，用胶粘剂填补木楔留下的洞，并抹平。

（12）塞缝：用胶粘剂将板与板、板与墙柱及板与基层之间的接缝进行塞缝并抹平，墙板塞缝操作如图 4-5-6 所示。

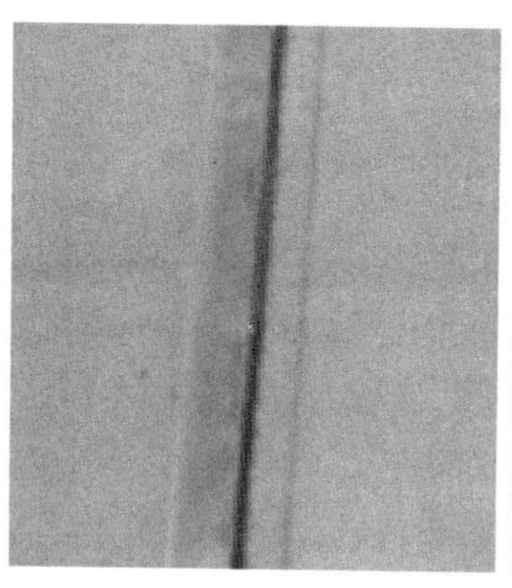

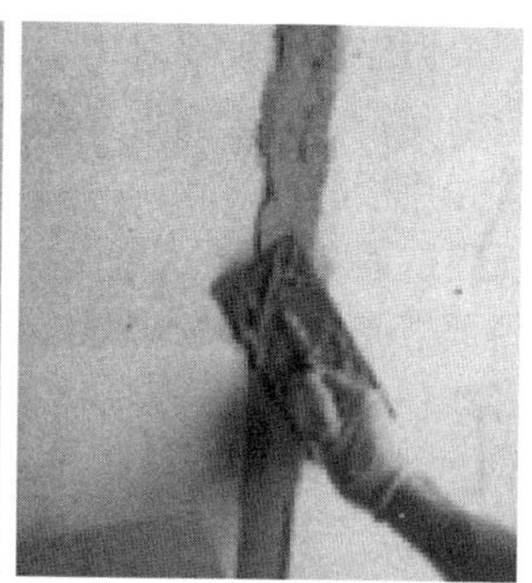

图 4-5-6　墙板塞缝操作图

（13）粘贴网格布：用胶粘剂和耐碱玻纤网格布铺贴板与板、板与墙柱之间的接缝，并抹平，板缝批贴耐碱玻纤网格布如图 4-5-7 所示。

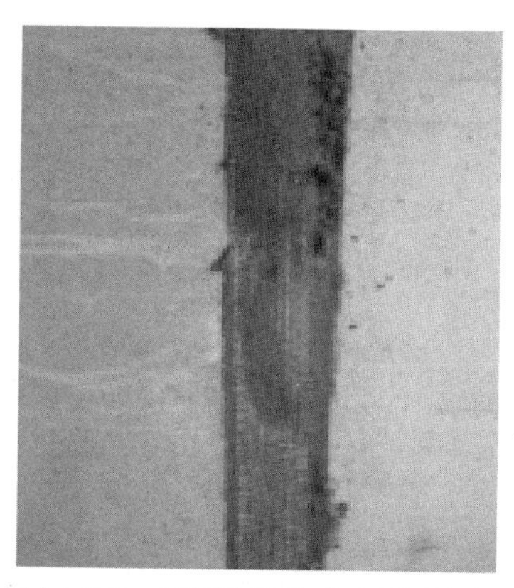

图 4-5-7　板缝批贴耐碱玻纤网格布

（14）开槽埋线管：水电专业需要埋设管线和开关盒等，应先在板上放线确定敷设位置，再用手提电锯切割线槽，待敷设好线槽后，再用砂浆聚合物补平即可。预埋线槽切割或开关插座开洞等工序应尽量在安装墙板前完成。

4.5.2　陶粒混凝土墙板施工质量控制

1. 陶粒混凝土墙板安装工程质量控制要求

（1）检查墙板板材的产品合格证和性能检测报告，

其产品品种、规格、性能和尺寸均应符合设计要求。对于有隔声、隔热、阻燃和防潮等要求的板材，应有相应的性能检测报告，并符合相关规定。

（2）检查墙板安装配件及接缝材料。其安装所需埋件和连接件的位置、数量及连接方法应符合设计要求，并应连接牢固。所用接缝材料的品种及接缝方法应符合设计要求，并有产品合格证明书。

（3）检查墙板板材安装的外观表面质量和安装数值偏差。墙板板材安装应垂直、平整且位置正确，板材外观不应有裂缝和缺损。表面应平整、色泽一致，洁净、接缝均匀和顺直。

（4）陶粒混凝土墙板安装允许偏差如表 4-5-2 所示。

陶粒混凝土墙板安装允许偏差表 **表 4-5-2**

序号	检测项目	允许偏差 /mm	检测方法
1	立面垂直度	3	用 2m 垂直检测尺检查
2	表面平整度	3	用 2m 垂直检测尺和塞尺检查
3	阴阳角方正	3	用直尺检测尺检查
4	接缝高低差	1	用钢直尺和塞尺检查

2. 质量控制措施

1）加强技术交底

建筑企业要逐层逐级对项目部、施工班组和安装工人进行技术交底，明确施工技术指标、工艺要求、施工顺序和验收标准，明确通病防治要求以及应急处理方案和措施，明确所使用材料、设备、工器具的规格、性能和数量指标。

2）加强质量检查

建筑企业应要求安装工人和安装班组进行自检，质检员每天对安装质量进行巡查，并做好记录，项目经理、技术员和质检员应定期对现场成品及半成品进行过程抽查和工程验收，企业应派出由总工程师和技术工程师组成的质量巡查小组不定期对现场进行检查与考核。

3）加强质量检查、验收和考核

各班组长应对每天的工作量及质量进行自检，施工员对每层质量初验收，验收合格后，班组方可进入下一安装作业面进行施工。项目应根据现场墙板安装的质量控制情况进行考核、奖罚；公司也应按项目部墙板安装质量控制情况对项目部人员进行考核、奖罚。

3. 质量保证措施

（1）做好技术交底，严格按照设计图纸、施工方案、国家行业标准及相关规范要求进行施工，对施工中不符合方案要求的，要立刻进行整改。

（2）墙板和胶浆应符合施工方案、设计图纸及相关规范要求，有相应的产品合格证、检验报告及复检报告，要保证各种资料是齐全的。

（3）在墙板安装施工中，采取流水作业施工：项目经理应对施工质量、进度及文明施工全面负责。质检员对每一道工序都进行检查，并按规定对每一检查结果进行考核、奖惩，做到各工序间层层把关，如上一道工序检查不合格或违反操作规程，严禁进入下一道工序的施工流程。所需监控的流程如下：配板→运输→卸板→安装前准备→清理安装接触面→放线复核→调制胶浆→涂抹胶浆→拼装墙板→初检→填细石混凝土→勾填缝→抽取木楔→复检→贴网带→抹平缝→终检→验收→办理竣工资料→申报办理决算。

（4）质量标准如下。

① 墙板的品种、规格及尺寸符合《建筑用轻质隔墙条板》GB/T 23451—2009 中的规定：墙板无开裂现象，表面平整，接缝牢靠。

② 预埋件及固定卡的预埋、预留做到无遗漏。胶浆强度未到养护要求前，禁止用铁锤重击。

③ 墙板出厂外形检测标准如下：平整度≤ 2mm，厚度 ±1mm，对角线 ±6mm。

④ 安装墙板工程达中级抹灰标准。大面墙平整度≤ 3mm，垂直度≤ 3mm，阴阳角方正≤ 3mm，阴阳角垂直度≤ 3mm，接缝高低≤ 2mm。

（5）应建立质量保证体系，严格管理质量。建筑企业应实行安装班自检、综合班复检、项目部终检的“三检”制度，严格按国家规范和标准施工，及时组织、检查及填写质量检查评定表，对不符合要求的，下达整改通知书，直到整改检查合格。

（6）特殊构造面技术质量保证措施如下：

① 板与板接缝、嵌平缝及阴阳角处理：墙板与墙板之间采用胶凝材料连接，先在已经装好板的凹槽中打满胶浆，再拼装下一块板。墙板板缝连接必须满浆满缝、牢靠稳定，先批嵌平缝，再贴网格布。对于阴阳角，先用接缝胶浆打底，再贴网布，然后用胶凝材料封抹缝面，保证缝面不产生干缩裂缝。

② 顶缝及地缝处理：在墙板与梁下及顶棚的接触面上打满胶浆，用木锲紧固墙板，使板与梁下、顶棚间粘结牢固。地缝采用细石混凝土和砂浆填塞。

（7）细石混凝土和专用砂浆应设搅拌料盘，可提高拌和质量，同时减少环境污染。

（8）建筑企业应定期或不定期组织由总工程师带队、工程部配合参加的质量抽查。

4. 细部处理质量控制要点

（1）基层处理：清理隔墙板与顶面、地面及墙面的结合部，凡凸出的砂浆、混凝土块等，必须剔除并扫净，尽力在结合部位找平。

（2）放线及分档：在地面、墙面及顶部根据设计的位置，弹好隔墙边线及门洞口线，并按板宽进行分档。

（3）配板及修补：板的长度应按楼层结构净高尺寸减 20mm。计算并测量门洞口上部的隔板尺寸，按此尺寸配置预埋件的门框板。当板的宽度与隔墙的长度不相适应时，应将部分隔墙板预先拼接加宽成合适的宽度（锯窄），再行安装。

（4）放置 U 形钢卡：先在柱侧或墙面上放置 U 形钢卡，上端距梁或顶棚 500mm 开始，中间间距 1000mm；再按设计要求用 U 形钢卡固定轻质墙板的顶端。在两块轻质墙板顶端拼缝之间，用射钉将 U 形钢卡固定在梁和板上，一边安板，一边固定 U 形钢卡。

（5）配制胶粘剂：胶粘剂要随配随用。配制的胶粘剂应在 30min 内用完。

（6）安装墙板：墙板应从与柱的结合处开始按顺序安装。板侧清刷浮灰，在墙面和顶面板的顶面及侧面（相拼合面）满刮胶粘剂，按弹线位置安装就位，用木楔顶在板底，再用手平推墙板，使板缝冒浆，一个人用撬棍在板底部向上顶，另一个打木楔，使墙板挤紧顶实，然后用灰刀（腻子刀）将挤出的胶粘剂刮平。按以上操作依次安装墙板。

（7）敷设电线管、接线盒，安装管卡及埋件时，应有以下控制措施：按电气安装图找准位置，划出定位线，敷设电线管及接线盒；所有电线管必须顺墙板的孔洞敷设，严禁横铺和斜铺；开接线盒洞时，应先在板面钻孔扩孔（禁止铁锤猛击），再用扁铲扩孔，孔大小应适度、方正。应将孔内清理干净，用胶粘剂粘结接线盒后，按设计指定的办法安装水暖管卡和吊挂埋件。

（8）安装门框：一般采用先留门洞口、后安门框的方法。木门框用L形连接件连接，一边用螺丝与木框连接，另一边与门边板连接。框与门框板之间的缝隙不宜超过2mm，超过2mm时，应加木垫片过渡。安装前，应将缝隙中的浮灰清理干净，安装完成后，用胶粘剂嵌缝，嵌缝要嵌满密实，以防止门开关时碰撞门框而造成裂缝。

（9）板缝处理：在隔墙板安装后的10d内，检查所有缝隙是否粘结良好，有无裂缝。如出现裂缝，应在查明原因后进行修补。修补的方法如下：将板缝剔开，抹胶粘剂找平，找平后贴耐碱玻纤网格布，然后在玻纤布的表面抹一层胶粘剂找平。凸出墙板的胶粘剂应用砂纸打磨平。

（10）陶粒混凝土墙板成品保护方法如下：施工中，各专业工种应紧密配合，合理安排工序，严禁颠倒工序作业。粘结墙板后，10d内不得碰撞扰动，也不得进行下道工序的施工。安装埋件时，宜先用电钻钻孔扩空，再用扁铲扩方孔，不得对墙板用力敲击，同时严防运输小车碰撞墙板及门口。对于刮完腻子的墙板，不应进行任何剔凿。

（11）在施工现场，应对工人进行交底和培训，并请有经验、技术水平高的工人在现场做出样板墙，以帮带教，同时开展岗位练兵活动，进一步提高工人的墙板安装水平，规范班组操作人员的操作行为，提高墙板的安装质量。

（12）针对监督检查不严的情况，应采取以下措施：

① 层层贯彻学习《建筑装饰装修工程质量验收标准》GB 50210—2018，进行班前、班后墙板安装质量宣讲活动，落实质量管理层的岗位责任制，实现目标责任制定人定岗，如未完成质量目标，扣发责任人的月度奖金。

② 加强管理落实“三检”制度，对于无自检和交接检手续的，不予验收，实行质量一票否决权；对于无质检员签字的，不予结算；对于工序检查不合格的，责令返工，返工费由班组承担。

③ 质检人员进行现场跟班作业，进行监督检查，在施工过程中发现并解决质量问题。

④ 采用多环节的质量把关：同班组签订施工质量责任书，进一步提高每个施工人员的责任心；施工及质量检查部门应根据施工工序的特点设置施工过程的质量控制要点，发现问题后，应及时进行分析、处理。

（13）针对进场材料厚度偏差和板翘曲，应采取以下措施。

① 项目部同材料采购员签订责任书，责任书中应明确要求厚度偏差超过1mm、翘曲超过2mm的板不得进场。否则，一经在施工现场发现有不合要求的板材，除责令退货外，还需扣发材料采购员当月的奖金。

② 应加强与供货商的沟通，在供货合同中明确规定供货商不得供应厚度偏差超过±1mm、翘曲大于2mm的板材，否则不予接收，直至停止供货。

③ 加强墙板进场的现场检验制度，实行材料采购员和仓库管理员共同检验制、质检员复验制。复验抽查的数量可由原来的10%适当增加。厚度误差小于±1mm、无缺棱掉

角且翘曲≤ 2mm 的板方可验收进场。

4.6 ALC 板的施工

4.6.1 ALC 板施工工艺

1. ALC 板安装工艺流程

ALC 板安装施工工艺流程与陶粒混凝土墙板有所差异，其具体流程如图 4-6-1 所示。

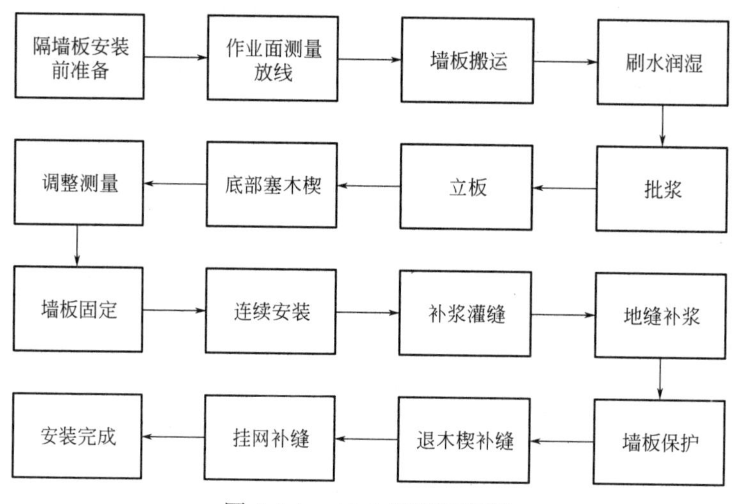

图 4-6-1 ALC 板安装流程

2. 施工准备

因 ALC 板施工准备与陶粒混凝土墙板类似，故施工准备内容可参考陶粒混凝土墙板，此处不再赘述。

3. 施工方法

（1）清理工作面：清理 ALC 板与梁、柱和楼板的结合部，将浮灰、砂、土和酥皮等物清理干净，必须剔除并扫净凸出墙面的砂浆、混凝土块等。

（2）放线：根据主控线进行引点放线，在完成的混凝土墙柱面上弹出建筑 1m 线；根据设计位置及排板平面图，用墨斗在地面、墙面及顶面弹出墙板的上部和下部、侧方的双面控制线及门窗洞口线。

（3）安装 U 形钢卡：采用竖板安装方式，首先根据排板平面图在 ALC 板顶部、梁板底安装 U 形钢卡。U 形钢卡应安装在双面控制线内，梁板底的 U 形钢卡应安装在相邻两块 ALC 板顶端的拼缝之间，U 形钢卡与钢梁通过点焊连接。

（4）ALC 板运输及备板：按照排板图标明区域号，并选择相应编号的墙板，采用专用推车运输至对应施工区域。板在出釜后应存放 5d，检验合格、满足含水率（ALC 板检验报告）及相关要求后，方可运至现场安装。

（5）将 ALC 板运输至现场后，现场管理人员协调垂直运输。安装时，应按区域由施工人员负责二次搬运，运输至安装位置后，采用起吊装置或人工搬运就位，由安装工人将板扶正，并用专用撬棍使板上端卡入U形钢卡内。

（6）检查校正：每装一块ALC板，应用吊线和2m靠尺检查其垂直度和平整度，若不符合要求，则可使用专用撬棍进行调整。

（7）ALC板安装及固定：将ALC板顶入上方的U形钢卡内，并撬起ALC板底端。处理完ALC板与结构及ALC板间的缝隙后，使用靠尺及塞尺校正墙面的平整度，使用托线板测量ALC板的垂直度，检查ALC板是否对准控制线，并做出相应调整。校正无误后，在ALC板底部嵌塞楔子（如用木材应经防腐处理）使其紧固。若需在墙体上设置门及窗顶过梁板时，过梁板应在其余ALC板安装完毕后安放。

（8）防锈处理：所有焊接部位应清渣，并刷涂防锈漆。

（9）缺损修补：使用专业胶粘剂（修补粉）对ALC板缺损的部位进行修补时，应保证板面平整及边角清晰。

（10）报验：待所有施工工序完成，自检合格后，报监理单位验收。

4. 安装工序

1）技术及物料准备

吊装前，应事先做好以下工作：确保标高放线已经复核，工具耗材准备充足，塔式起重机、吊装工及塔式起重机指挥人员到位，吊装设备完好，墙板已运到现场，临时用电设施安装到位，并做好技术安全交底。

2）墙板定位放线

根据十字线及施工图纸进行开间和进深尺寸的复核，并检查墙体定位线是否符合施工要求。

3）墙板运输

根据排板图纸选定型号及规格一致的墙板，用运板车运输到安装位置。严禁在现场随意切割墙板。

4）安装辅材

在墙板顶部安装抗震胶垫、泡沫块及L形角码。

5）刷水润湿

用毛刷蘸水清洁墙板公槽部位与主体结构，如图4-6-2所示。

6）批浆

在主体结构与墙板连接部位批上专用砂浆，如图4-6-3所示。

图4-6-2　刷水润湿

图4-6-3　批浆

7）立板

抬起墙板并将其移动至安装部位，采用挤浆安装法以保障拼缝砂浆的饱满度，采用撬棍从下部往上撬动，并从侧面挤紧，把缝宽控制在 5～8mm。立板如图 4-6-4 所示。

8）底部备木楔

在墙板底部用木楔顶紧墙板，采用下楔法施工，严禁采用上楔法施工，如图 4-6-5 所示。

图 4-6-4 立板

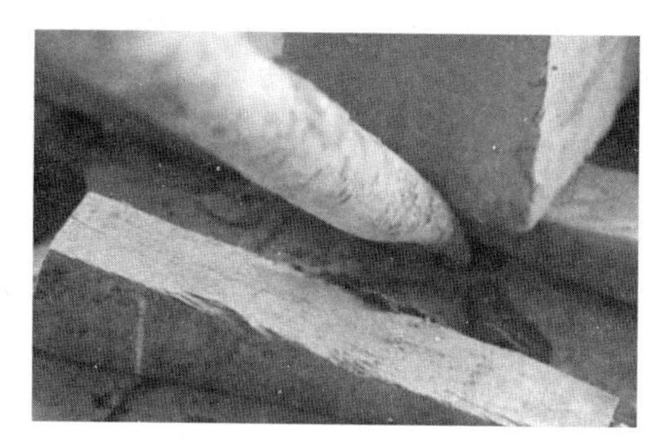

图 4-6-5 底部备木楔

9）调整测量

采用红外扫平仪和靠尺进行墙板平整度的调整，保证垂直度≤ 3mm。调整测量如图 4-6-6 所示。

10）固定墙板

使用射钉枪将 L 形角码与主体结构连接固定起来，如图 4-6-7 所示。

图 4-6-6 调整测量

图 4-6-7 墙板固定

11）墙板连续安装

完成第一块墙板安装后，应按相同方法连续安装后续墙板，如图 4-6-8 所示。

5. 安装后工作

1）补浆灌缝

顶部及拼缝处必须进行勾缝处理，严禁出现缝隙不饱满和假缝等现象。补浆灌缝如图 4-6-9 所示。

2）地缝补浆

立板完成 24h 内，需进行地缝补浆，补缝前，必须清除杂物并洒水湿润地面，再用砂浆填塞密

图 4-6-8 墙板连续安装

实。地缝补浆如图 4-6-10 所示。

图 4-6-9　补浆灌缝

图 4-6-10　地缝补浆

3）墙板保护

墙板安装完成后，须拉警示带，防止墙板受到碰撞，导致墙板倒塌伤人。墙板保护如图 4-6-11 所示。

4）退木楔补缝

立板 7d 后拆除木楔，并对木楔位置处进行灌缝处理。退木楔补缝如图 4-6-12 所示。

图 4-6-11　墙板保护

图 4-6-12　退木楔补缝

5）挂网补浆

墙板安装间隔 14d 后，在墙板拼缝位置，采用与压槽宽度一致的耐碱玻纤网格布进行挂网补浆。先批底浆，再挂耐碱玻纤网格布，最后进行收面处理，表面严禁露网。挂网补缝如图 4-6-13 所示。

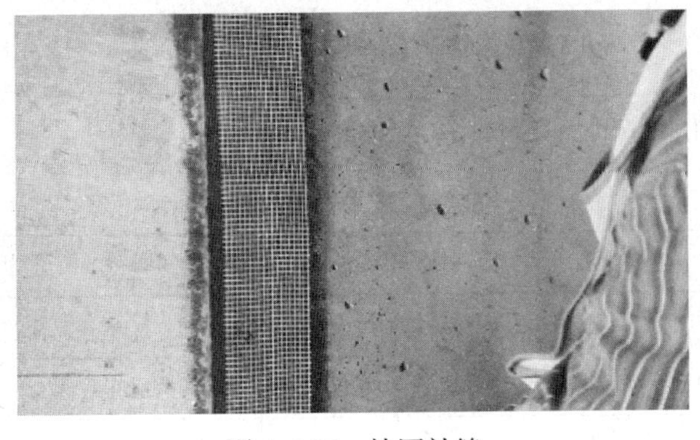

图 4-6-13　挂网补缝

4.6.2 ALC板施工质量控制

ALC板与陶粒混凝土墙板在质量控制方面大同小异，因此，本节将不再赘述相同之处，可参考陶粒混凝土墙板质量控制内容，下面着重介绍ALC板施工质量控制的特别之处。

1. 开槽开洞

（1）对于ALC板，应该在完成弹线后采用机械切割的方式进行开槽，严禁直接打凿线槽，且填缝应密实。

（2）严禁在ALC板横向和斜向开槽，严禁在墙体两侧同一部位开槽开洞，至少应错开150mm；线管布置应避免骑板缝，切割洞口应居中布置，且宽度应小于板宽的1/2。

（3）填槽补洞分两次进行，严禁一次成型，应采用专用粘结砂浆修补。

2. 湿区导槽施工

若一层楼面干湿区及二层以上湿区墙体采用ALC板，对应墙体下应施工导墙，避免ALC板受潮。

3. 板与结构缝隙处理

（1）ALC板的横缝位于板与梁底及板底交接处，该处前期应预留约2cm缝隙。施工间隔期满后，使用水泥砂浆进行塞缝，在跨缝处采用10cm宽的耐碱玻纤网格布粘贴，预防后期开裂。

（2）应采用挤浆处理板与墙柱的缝隙，采用专业粘结砂浆填满不饱满处后，挂耐碱玻纤网格布进行防开裂处理。

4. 板与板缝隙处理

ALC板与板拼缝前期采用挤浆处理，将多余浮浆清理干净，并清理出V形槽，在用专用填缝剂进行填缝完成后，跨缝张贴10cm宽的耐碱玻纤网格布，预防后期开裂。

5. 成品保护

（1）在施工过程中，各工种之间应密切配合，合理安排工序。预制内墙板安装完毕后，24h内不得受到碰撞，不得进行下一道工序，并对墙板进行必要的保护。墙板安装7d内，不得受到平面外的作用力，安装14d后方可开槽开洞。

（2）施工时，应对门洞口及转角等部位进行阳角保护，防止手推车等水平运输工具的磕碰，导致板材缺棱掉角。在地面施工时，需有相应的成品保护措施以防止墙面污染。

6. 内置钢筋保护层厚度

需保证ALC板内置钢筋的保护层厚度不小于2cm，板端钢筋因板材切割外露时，应进行防锈处理。

7. 胶粘剂质量

ALC板施工所用胶粘剂技术性能要求见表4-6-1。

胶粘剂技术性能要求 **表4-6-1**

检测项目	单位	检查值
拉伸粘结强度，与水泥砂浆粘结，空气中养护14d	MPa	≥ 0.6
3d后的抗压强度	MPa	≥ 10
分层度	mm	20

续表

检测项目	单位	检查值
保水率	%	≥ 84
收缩率	%	< 0.5
可移动时间	min	15
5mm 厚抗流挂		无流淌

4.7 ALC 双拼板的施工

ALC 双拼板的施工与 ALC 板基本类似。因此，本节将不再赘述相同之处，着重介绍 ALC 双拼板与 ALC 板施工的差异。

4.7.1 ALC 双拼板施工工艺

1. ALC 双拼板施工工艺流程

ALC 双拼板的施工工艺流程框图如图 4-7-1 所示。

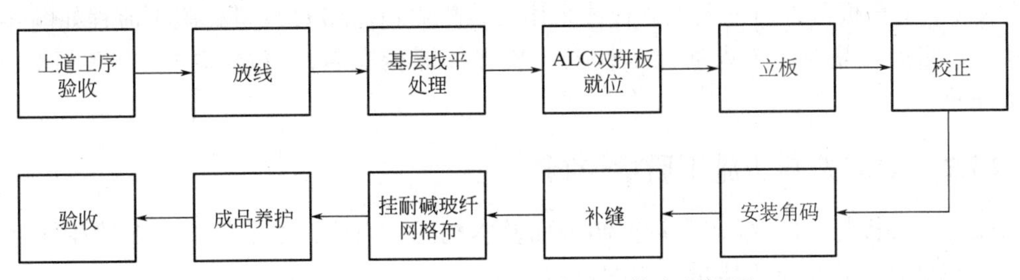

图 4-7-1 ALC 双拼板的施工工艺流程框图

2. 施工准备

因 ALC 双拼板施工准备与陶粒混凝土墙板类似，故施工准备内容可参考陶粒混凝土墙板，此处不再赘述。

3. ALC 双拼板安装方法

ALC 双拼板安装方法及安装工序与 ALC 板类似，部分内容可参考 ALC 板执行，本节着重介绍 ALC 双拼板与 ALC 板的区别之处。

（1）ALC 双拼板的运输与堆放：堆放 ALC 双拼板时，可使用托盘支垫，堆放时每层不高于 1m，总高度不高于 2m，ALC 双拼板悬出托盘边缘的长度应在 1/6～1/5 板长的范围内，托盘及堆放如图 4-7-2 和图 4-7-3 所示。因为 ALC 双拼板的堆放可使用托盘支垫，因此在场内运输时，可使用叉车进行水平运输。相较于 ALC 板在施工现场的水平

图 4-7-2 托盘

运输，ALC 双拼板更便于运输，可大大提升施工效率。

（2）ALC 双拼板就位：ALC 双拼板通过水平运输设备运至施工区域。水平运输设备集聚了快速轻巧的水平行走功能以及一定的竖向提升功能。水平运输设备是一个简易的提升“叉车”（市面上可以购买），采用电瓶驱动，采用液压提升机构进行竖向提升。ALC 双拼板电动水平运输设备如图 4-7-4 所示。

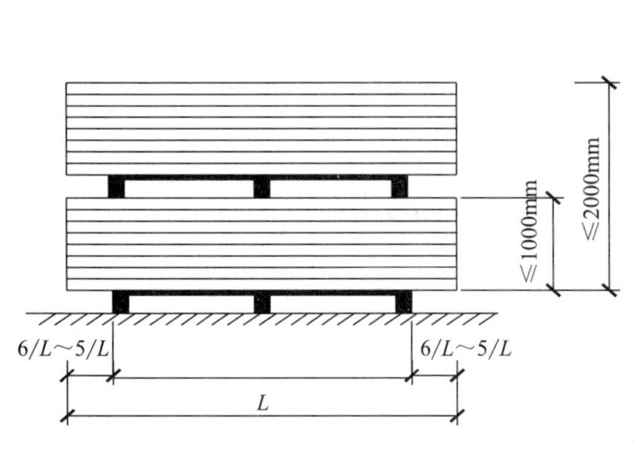

图 4-7-3　ALC 双拼板堆放示意图

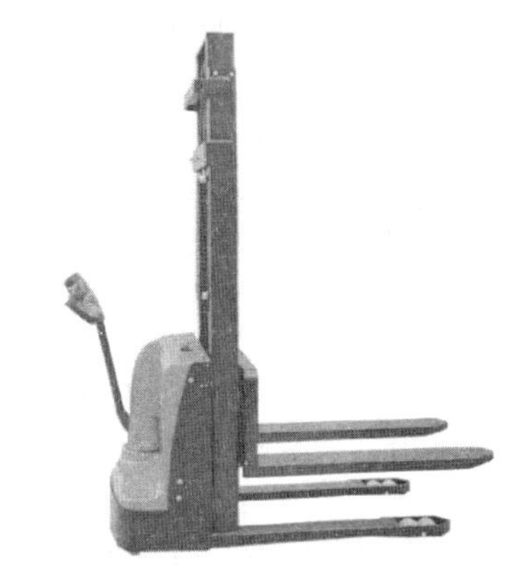

图 4-7-4　ALC 双拼板电动水平运输设备

（3）立板：双拼板施工时，可按照高度方向依次安装，或先安装下部基本板，再安装上部拼板。下部板可以通过人工立板或采用安装机立板。ALC 双拼板施工流程如图 4-7-5 所示。上部板安装时，工人通过操作安装机抓取墙板安装，ALC 双拼板施工机具如图 4-7-6 所示。

4.7.2　ALC 双拼板施工质量控制

ALC 双拼板与 ALC 板在质量控制方面基本相同。因此，本节将不再赘述相同之处，着重介绍 ALC 双拼板施工质量控制的特别之处。

1. 施工前质量要求

（1）ALC 双拼内墙施工作业前，应清理干净施工现场的杂物，场地应平整，并应具备安装墙板的施工作业条件。

（2）ALC 双拼板和配套材料进场时，应进行验收与记录，并应提供产品合格证和有效检验报告。进场验收记录和检验报告应归入工程档案，不合格的双拼板不得进入施工现场。

（3）ALC 双拼板和配套材料应按不同种类和规格分别堆放在相应的安装区域，下部应放置托盘，现场存放的 ALC 双拼板不得被水冲淋和浸湿，不得被其他物料污染；ALC 双拼板露天堆放时，应做好防雨雪和防暴晒措施。

（4）现场配制的拼缝及粘结材料，以及开洞后填实补强的专用砂浆，应具有使用说明书，并应提供检测报告。粘结材料应按设计和说明书配置要求使用。

（5）角码等安装辅助材料进场时，应提供产品合格证，配套的安装工具和机具应能正常使用。安装使用的材料和工具应分类管理，并应根据需要的数量备好。

（6）ALC 双拼板施工前，应先清理基层，应对需要处理的光滑地面进行凿毛处理；

(a) 批浆

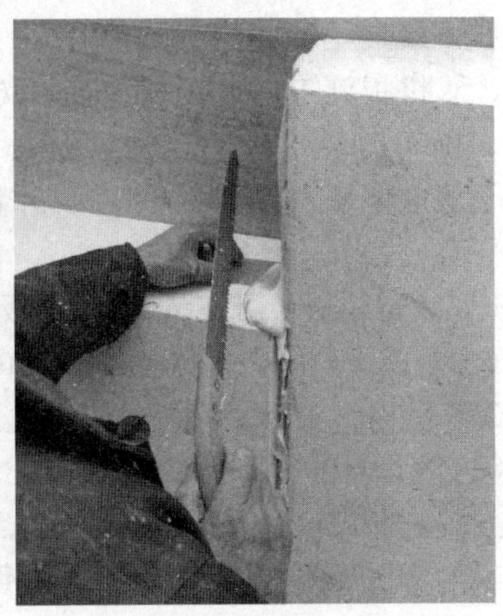

(b) 安装L形角码

(c) 立板

(d) 补缝

图 4-7-5　ALC 双拼板施工流程

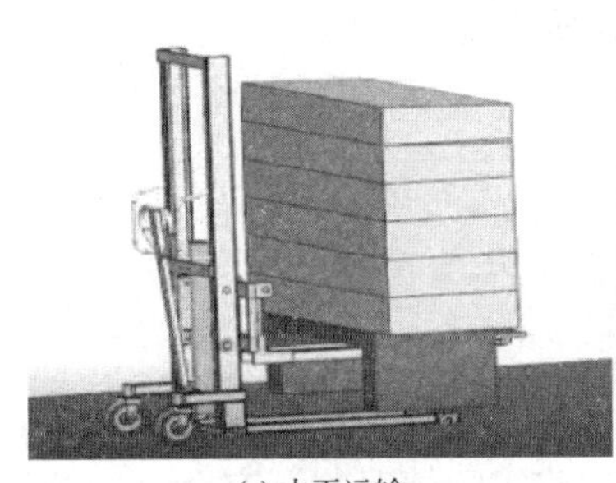

(a) 水平运输

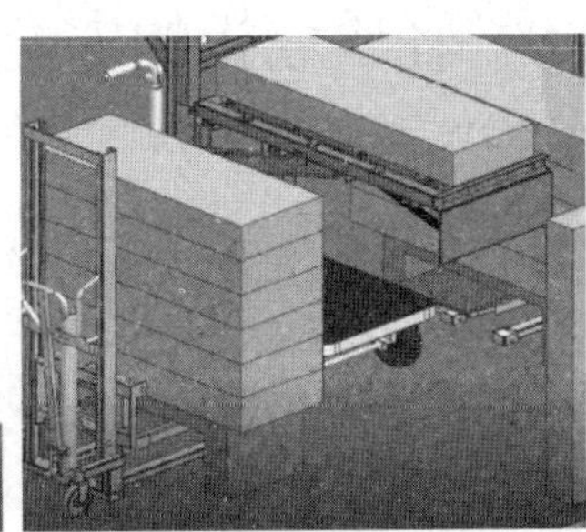

(b) 安装机就位

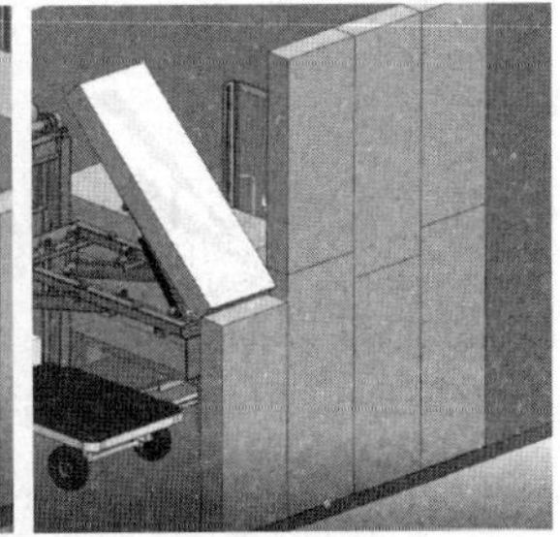

(c) 安装墙板

图 4-7-6　ALC 双拼板施工机具

然后按安装排板图放线，标出安装每块 ALC 双拼板及门窗洞口的位置，放线应清晰，位置应准确，并应经检查无误后，再进行下道工序的施工。

（7）对于有防潮和防水要求的 ALC 双拼板，应先做好细石混凝土墙垫。

2. 施工技术规定

（1）ALC双拼板施工时，可按照高度方向依次安装，或先安装下部基本板，再安装上部拼板，施工时，将板凹凸槽对准企口拼接，板与板之间应紧密连接。ALC双拼板应按顺序从主体墙、柱的一端向另一端安装，当有门洞口时，宜从门洞口向两侧安装。

（2）应先安装定位板：可在ALC双拼板的企口和板的顶面处均匀满刮粘结材料。墙板下端距地面的预留安装间隙宜保持在5～10mm，并可根据需要进行调整。

（3）ALC双拼板施工时，应调整好垂直度和相邻板面的平整度，并应待板的垂直度和平整度检验合格后，再安装下一块板。

（4）应按排板图在ALC双拼板与顶板、结构梁、主体墙和柱的连接处设置L形角码。

（5）板与板之间的对接缝隙内应填满和灌实粘结材料，板缝间隙应揉挤严密，被挤出的粘结材料应刮平勾实。

3. 成品保护

水电管线的位置开槽、安装和敷设应与ALC双拼板安装配合进行，并应在ALC双拼板安装完成7d后进行，并宜在贴耐碱玻纤网格布之前进行。

安装水电管线时，应根据施工技术文件的相关要求，先在ALC双拼板上弹墨线定位，再按弹出的定位墨线位置切割横、纵向线槽和开关盒洞口，并应使用专用切割工具按设计规定的尺寸单面开槽切割，不应在墙板上任意开槽和开洞。

切割完线槽和开关盒洞口后，应按设计要求敷设管线、插座和开关盒。并应先做好定位，可用螺钉和卡件将管线及开关盒固定在ALC双拼板上。开关盒和插座的四周应采用粘结材料填实并粘牢，且宜采用与墙板相应的材料补强修复。

开关盒和插座的表面应与墙面齐平。管线、开关盒敷设后，应及时塞缝并补强。ALC双拼板上开的槽孔宜采用聚合物水泥砂浆或专用填充材料填充密实；开槽的墙面应采用粘贴耐碱玻纤网格布、无纺布或采取局部挂钢丝网等补强、防裂措施。ALC双拼板应在局部堵塞横槽下部孔洞后，再进行补强、修复。

4.8 轻质墙板的安全施工

4.8.1 安全施工组织体系建立

1. 安全管理控制目标

企业和项目的安全控制目标包括以下内容。

（1）伤亡事故控制目标：杜绝一切人员的伤亡事故，一般事故应有控制指标。

（2）安全达标目标：根据企业特色和工程项目特点，按实际情况制订安全达标的具体目标，如企业获得市级安全先进单位的称号，项目获得安全创优等荣誉。

（3）文明施工实现目标：根据项目现场作业条件的需要，制订文明施工的具体方案和实施文明工地的目标。

企业的安全管理目标必须有正式文件和传阅记录，项目的安全管理目标必须有上级部门的审批和传阅记录。

2. 安全生产管理制度

企业的安全生产管理制度必须有企业正式文件和传阅记录，工程项目的安全生产管理制度必须经过上级部门审批，并有项目发放记录。

（1）安全交底制度（企业和项目均需制订）；

（2）安全技术交底制度（企业和项目均需制订）；

（3）墙板安装工程施工方案审批制度；

（4）设备安装、紧急救援器材、拆除验收制度（含操作规程、定期保养、维修、改造报废的管理内容）；

（5）安全教育培训制度（企业和项目均需制订）；

（6）班组安全活动制度（企业和项目均需制订）；

（7）安全检查制度（企业和项目均需制订）；

（8）安全隐患整改责任制度（企业和项目均需制订）；

（9）安全生产奖罚制度（企业和项目均需制订）；

（10）工伤事故报告制度（企业和项目均需制订）；

（11）施工现场安全纪律制度（项目制订）；

（12）消防管理制度（企业和项目均需制订）；

（13）现场文明施工管理制度（项目制订）；

（14）事故紧急救援制度（企业和项目均需制订）；

（15）各工种安全操作规程。

3. 安全生产责任制

（1）墙板安装企业应明确各岗位即企业主要负责人（法人代表）、技术负责人、生产经理、安全部、技术部、工程部、财务部等部门的安全生产职责，明确其部门职责分工，确定其安全责任。企业主要负责人责任制必须包括建立健全本单位安全生产责任制、安全生产规章制度和操作规程，保证安全投入，检查安全管理工作，制订、实施应急预案和生产安全事故报告。

（2）项目制订的安全生产责任制必须经过上级部门审批和各相关责任人签字确认。

（3）项目安全生产责任包含项目经理、分管副经理、技术负责人、安全主管、安全员、施工员、预算成本员、材料员、班组长、特殊工种作业人员、操作工人的安全生产职责。

（4）责任制内容必须明确各自工作范围的安全责任和安全管理目标的分解执行，不得逾越各自管理权限。

（5）应结合各自的安全生产职责，成立安全生产领导小组（分企业和项目级），同时编制安全生产管理网络图。

（6）企业应定期进行安全生产责任制执行情况考核，自行调整项目的时限。

4. 安全生产资金保障

企业应制订保障计划和落实资金，必须保留各种单据备查，项目将实际发生费用汇总报公司后，现场留存单据。企业和项目填写安全生产、文明施工资金预算表和统计表，应相互对应。

（1）安全培训费：安全资格上岗培训取证费、安全员上岗培训取证费、特殊工种人员上岗培训取证费、安全法培训学习取证费。

（2）宣传、活动投入：开展安全月活动，召开现场会，开展应急预案演练，组织参观学习先进单位，组织文艺竞赛，订阅安全类报纸杂志，制作展览板等。

（3）现场安全防护设施费：洞口临边防护设施（含租赁费）、电器产品、机械设备安全防护装置更换检测费。

（4）安全防护（劳保）用品："三宝"、防护面罩、工作服、防寒防暑用品等。

（5）文明施工设施：现场围挡（含大门）、场地硬化、排水设施、绿化、食堂、厕所、淋浴室、消防器材、"五牌一图"、警示标志、急救药品器械、垃圾处理等。

（6）人工费：现场安全防护设施的搭拆、维修，垃圾清运等人工费用。

（7）意外伤害保险、安全技术服务费。

5. 安全教育、培训

企业应定期对各部门和员工进行安全教育、培训，项目对全体人员分工种、分部、分项、分季节进行安全教育、培训，尤其危险源单独教育记录，同时要求被教育人员签名，不得伪造代签。

（1）职工劳动保护教育卡；

（2）节前节后安全教育记录；

（3）新进场工人教育记录；

（4）安全教育记录；

（5）班前安全活动、安全周讲评记录；

（6）安全员及特殊工种人员、中小型机械作业人员名册；

（7）施工组织设计必须经过上级部门审批发放，其内容应包含专项安全技术措施、危险源认定和预防控制措施等，且应对涉及人员进行安全交底。

6. 采购

企业或项目分包单位采购安全用品时，必须选择行业管理部门认定的合格产品、生产企业，若无，可自行采购；采购时，应提供安全用品的证明材料（质保书、合格证），将其附在安全用品采购验收资料表上。采购时涉及以下表格：

（1）合格供应商目录（其生产许可证、营业执照等证明文件）；

（2）安全用品验收记录（安全帽、安全网、安全带、漏电开关、配电箱、限位装置、保险装置、五芯电缆、钢管、扣件、起重绳、活动房等）；

（3）安全用品采购验收资料表（每页粘贴一种物资）。

7. 施工过程控制

在进行施工过程控制时，应具备以下条件或内容。

（1）对墙板安装班组进场安全交底；

（2）施工过程中的安全技术交底，交底双方签字确认，不得伪造代签；

（3）安全设施移交表；

（4）三级动火许可证；

（5）外架、塔式起重机、外用电梯、物料提升机拆除申请表。

8. 危险源控制

（1）安装企业应识别、评价危险源，对重大危险源进行控制、策划、建档，制订针对性应急预案（含重大危险源控制清单和检查记录）。

（2）施工组织设计必须经过上级部门和项目总监的审批发放。其内容应包含专项安全技术措施、危险源认定和预防控制措施等，且应对涉及人员进行安全交底。

9. 事故应急救援

编制应急救援计划（含高处坠落、物体打击、机械伤害、触电、坍塌、重大意外事故、火灾、中毒中暑等），内容涵盖可能发生的原因和造成的后果、组织机构和职责分工、报告程序、处理程序、应急物资准备及设施、人员基本救治方法、事故调查处理建议等。

10. 安全检查和纠正措施

在进行安全检查和出台纠正措施时，应具备以下资料。

（1）公司和项目安全检查汇总表。

（2）公司和项目安全检查记录。项目检查类型包括定期安全检查、专项（施工用电、大型机械、脚手架、防暑降温等）安全检查、季节性安全检查、节假日前后安全检查等，包括行业管理部门或项目上级单位对现场的安全检查记录汇总。

（3）安全检查日记。

（4）隐患整改通知书。

（5）安全检查罚款通知书。

（6）施工现场垂直运输工具的使用、临时用电、移动手持电动工具、电工巡视验收单。

（7）施工机具验收单。

（8）洞口临边验收防护记录。

11. 安全改进

墙板安装企业和项目安全生产领导小组应定期召开会议，总结和执行安全生产自我评估，应形成以下资料。

（1）安全会议记录；

（2）安全自我评估报告；

（3）安全整改汇总和纠正措施执行后的回复。

12. 安全资料收集

（1）墙板安装企业和项目由专人负责更新安全操作规程、职业病防治、国家法律法规、行业规章制度以及市级和上级部门颁发的规章制度。

（2）分类装订安全资料，统一格式，采用A4纸张，需签字部分，不得由他人代签。

（3）对于重大危险源识别控制、事故紧急救援资料，必须单独保管建档。体系资料准备齐全后，汇总装订成册，项目的体系资料存放备查。

4.8.2 安全施工制度建立

1. 安全管理规定

（1）安装项目工程墙板前，应向建设单位了解与施工现场内及毗邻区域的供水、排水、供电、供气、供热、通信、广播电视等地下管线资料，气象和水文观测资料，相邻建筑物和构筑物有关的真实、准确、完整的资料。

（2）墙板安装单位不得对勘察、设计、施工、工程监理等单位提出不符合建设工程安全生产法律、法规和强制性标准规定的要求，不得压缩合同约定的工期。

2. 现场作业规定

（1）现场安排轻质墙板堆放的场地，堆放高度不超 3 层，以防倒塌伤人。

（2）不得在临空、脚手架下等危险地段作业。

（3）不得私拉乱接电线，不得让电线、电气设备淋雨、进水。

（4）不得在现场生火。

（5）严禁作业人员不戴安全帽进入施工现场。

（6）必须坚持在每天出工前进行安全交底。

3. 卸、吊、堆放墙板安全要求

（1）在离垂直运输机械较近的位置处卸板，堆放在指定的区域，按不同规格堆放整齐，每平方米堆放不得多于 5 块。放置于楼层的墙板须设置防倒卡，防止墙板倾斜倒塌。

（2）吊运墙板应用坚固的软绳铆紧，防止掉下伤人。

（3）卸货时，人应尽量站在墙板两侧，以免被砸到。

（4）起板时，应将其缓慢抬起并注意观察，防止伤人。

（5）墙板在小车上、吊篮里、货梯内时，应放置稳固，防止墙板倒下伤人、伤物。严禁直接用手搬抬墙板。

4.8.3 安全施工操作规程

（1）建立现场安全技术交底制度：根据安全措施要求和现场实际情况，项目管理人员需亲自逐级进行书面交底。

（2）班前检查制度：工长班前必须检查安全防护措施是否到位，如发现问题，应及时纠正。

（3）建立施工现场安全活动制度，项目经理部每周要组织全体工人进行安全教育，对上周安全方面存在的问题进行总结，对本周的安全重点和注意事项做必要的交底，使广大工人能心中有数，从意识上时刻绷紧安全这根弦。

（4）定期检查与隐患整改制度：经理部每周要组织一次安全生产检查，对查出的安全隐患必须定措施、定时间、定人员整改，并做好安全隐患整改销项记录。

（5）管理人员和特种作业人员实行年审制度，每年由公司统一组织进行培训，加强施工管理人员的安全考核，增强安全意识，避免违章指挥。

（6）实行安全生产奖罚制度与事故报告制度。

（7）危急情况停工制度：一旦出现危及职工生命财产安全险情，要立即停工，同时即刻报告公司，及时采取措施排除险情。

（8）持证上岗制度：对于特殊工种，工作人员必须持有上岗操作证，严禁无证操作。

4.8.4 文明安全施工管理

1. 针对施工安全的措施

（1）全员提高安全认识，筑牢安全堡垒，充分认识安全对确保工程顺利实施的地位和重要性。要求领导要重视，现场指挥要得当，工人施工要用心，上下一条心，全力以赴，认真履行好合同所赋予的安全义务，把安全责任落实到位。

（2）加强管理，明确责任。安全是当前工作的重要任务之一，施工现场要制订相应的安全保障制度，充分调动施工人员的积极性，从内部挖潜，做到处处留心，人人安全。

（3）规范现场操作，消除不安全因素。现场要做到按规范管理，按流程施工，统一协调，杜绝盲动，较少操作失误，做到文明安全。加强工前、工后两会制度，交代安全事项、明确安全要求，对容易出现安全问题的地方加强监控。在工后会上，要检查当天施工中存在的安全问题与不足，提出整改意见，督促后期落实。

2. 安全控制

安全是工程保质保量按期完成的重要保障。为了最大限度地发挥施工潜力，提高施工效率，下面针对工程的现场实际，建议制订如下安全施工保证措施。

（1）安全管理方针：安全第一、预防为主。

（2）安全组织保证体系：以项目经理为第一责任人，建立由施工现场经理、安全员、工长及工人等各方面的施工人员组成的安全生产保证体系。

（3）安全管理工作：①项目经理部负责整个现场的安全生产工作，严格遵照施工组织设计和施工技术措施规定的有关安全措施组织施工；②接受项目部的检查监督，认真做好分部分项工程安全技术书面交底工作，被交底人要签字认可；③在施工过程中对薄弱部位、环节要予以重点控制，从设备进场检验、安装及日常操作要严加控制与监督，凡设备性能不符合安全要求的，一律不准使用；④防护设备、设施的变动必须经项目经理部安全总监批准，变动后，要有相应有效的防护措施，作业完后按原标准恢复，所有书面资料由项目经理部安全总监保管；⑤对安全生产设施进行必要的、合理的投入。对于重要劳动防护用品，必须购买定点厂家的认定产品。

（4）安全技术措施：①施工操作前，应进行安全检查，现场操作环境、安全措施和防护用品及机具符合要求后方可施工；特别是高处临边作业，无防护设施时，不得进行施工；②安装墙体时，应搭设脚手架，墙体高度超过 4m 时，脚手架必须支搭安全网；③脚手架上同一块脚手板上的操作人员不得超过 2 人；④在楼层施工时，堆放机具不得超过使用荷载；⑤施工电梯运载墙板时不得超载；⑥运输车辆水平运输前后两车的距离不得小于 2m；⑦卸、吊墙板时，应严格执行施工机械吊装要求；⑧不得在安装好的墙板上吊挂重物，也不宜作为其他临时施工设施、支撑的支承点；⑨严禁私自拆除现场作业面防护，如是施工需要，必须向上级申报，由专业班组拆除，待施工完毕后进行恢复；⑩井道内隔墙施工时，应搭设脚手架，并按要求设置防护后方可进行安装作业。

（5）建立安全台账制度：每天由安全员负责，认真做好安全记录，对当日发生的安全隐患进行全面的分析，制订相应的措施，认真进行整改落实。

（6）文明施工及环保要求：工程施工质量的好坏，不仅取决于原材料的好坏，施工人员的素质和责任心，还与生产环境有很大的关系。

① 文明施工是一个系统工程，贯穿于项目施工管理的始终。它是施工现场综合管理水平的体现，涉及项目中每个人的生产、生活及工作环境，应加强项目管理人员的文明施工意识。

② 应按指定的地点集中收集施工现场垃圾，并及时运出现场，时刻保持现场的文明整洁。

③ 在施工过程中，应自觉形成环保意识，要创造良好的生产工作环境，最大限度地减少施工所产生的噪声与环境污染，参与施工的设备噪声均应控制在国家和地方有关环保

规定所允许的范围内。

④ 制订文明施工制度，划分环卫包干责任区，做到责任到人。

⑤ 胶浆、填缝混凝土、砂浆等，对于施工现场内的遗、漏、洒部分，应及时清理干净。

⑥ 应合理归并现场废弃的墙板碎块，集中堆放，及时清理，不得有无人过问的现象。

⑦ 施工班组长必须对班组作业区的文明现场负责。坚持谁施工谁清理，做到工完场清，下班前必须清理干净。

⑧ 使用带吸尘装置的切割机，以减少对现场环境的污染。

⑨ 施工人员应语言文明，行为举止合乎社会习俗，穿戴整洁，保持生活卫生，保持良好形象。

⑩ 生活区域应干净整洁，无垃圾杂物，无污水；物体摆放有序，做到窗明几净，有条不紊。

⑪ 对于现场使用的细石混凝土、砂浆，应增设搅拌料盘进行浆料拌和，以免污染环境。

⑫ 在钢架构上焊接时，要有遮挡，防止因火花四溢而引起火灾。

第 5 章　轻质墙板的集成化

使用轻质墙板，不仅能提升围护墙体的安装效率，还能降低对砌筑类技术工人的需求，可在一定程度上缓解建筑工人老龄化的问题，具有重要的意义。但我们还要清醒地看到，墙板在安装完成后，还需要进行管线开槽施工、墙面装修等工序，环境污染大，施工效率低。因此，轻质墙板的集成化成为大势所趋。本章主要介绍轻质墙板集成化的相关知识，包括集成化的概述、主要形式以及实施方案。通过学习本章内容，读者可以了解轻质墙板集成化的相关基础知识，把握轻质墙板未来发展的方向。

5.1　轻质墙板集成化背景

随着国内建筑工业化的发展及国家政策的引导，建筑工业化技术标准体系的技术研究越来越成为国家关注的重点。传统的高能耗、高消耗的建造技术在建造过程中产生了大量建筑垃圾，已经对我国的生态环境造成了浪费和破坏，不利于我国经济的可持续发展。对此，国家相继出台了一系列支持和推进建筑工业化发展的政策和指导性文件，目的就是要加快建筑工业化技术的推广和发展，使我国的装配式工业化建筑技术能够持续健康发展。在国家大力推进新型建筑工业化的背景下，传统的砖、砌块等墙体材料已经无法满足我国墙板行业高质量发展的需求。集成化墙板的发展是我国建筑业实现绿色发展的迫切需求，是我国建筑业转型升级的重要抓手，也是新时代建筑产业工人培育的着力点。

5.1.1　绿色发展的迫切需求

随着经济社会的不断发展，自然资源不断被开发利用，造成资源短缺、环境污染及全球变暖等问题，人们对节能减排的关注度日益增加。而建筑及其管理运作所产生的碳排放量约占全球排放总量的 40%。因此，节能减排应成为建筑发展必须遵守的发展原则，绿色建筑也应该越来越多地被应用于实际建设中。绿色建筑是在全寿命期内，最大限度地节约资源、保护环境、减少污染，为人们提供健康、适用和高效的使用空间，与自然和谐共生的建筑。2017 年 2 月住房和城乡建设部印发的《建筑节能与绿色建筑发展“十三五”规划》中提出，建筑节能与绿色建筑发展的具体目标为城镇新建建筑中绿色建筑面积比例超过 50%，绿色建材应用比例超过 40%。从中可以看出，绿色建筑和绿色建材的发展是相互融合、相互促进的。

2021 年 3 月，住房和城乡建设部发布《关于加强县城绿色低碳建设的通知（征求意见稿）》，要求严格落实县城绿色低碳建设的有关要求，大力发展绿色建筑和节能建筑，县城新建建筑要普遍达到基本级绿色建筑要求，鼓励发展星级绿色建筑。该通知要求加快推行绿色建筑和建筑节能标准，加强设计、施工和运行管理，不断提高新建建筑中绿色建筑的比例，大力推广应用绿色建材，提升县城能源使用效率，大力发展适应当地资源禀赋和需求的可再生能源，推广清洁能源应用，推进北方县城清洁取暖，降低传统化石能源在建筑用能中的比例。

2020年9月22日，在第75届联合国大会上，我国提出将提高国家自主贡献力度，采取更加有力的政策和措施，二氧化碳排放力争于2030年前达到峰值，努力争取2060年前实现碳中和。这为我国应对气候变化、推动绿色发展提供了方向指引，擘画了宏伟蓝图，得到了国际社会高度赞誉和广泛响应。

通过查询2019年的相关数据，从能源活动领域看，能源生产与转换、工业、交通运输、建筑领域碳排放占能源活动碳排放的比例分别为47%、36%、9%、8%，其中工业领域钢铁、建材和化工三大高耗能产业的占比分别达到17%、8%、6%。我国能源相关二氧化碳排放领域的构成如图5-1-1所示。

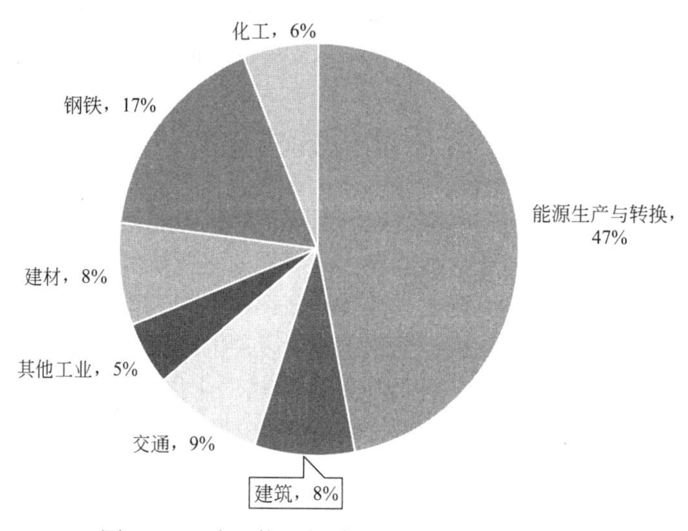

图5-1-1　我国能源相关二氧化碳排放领域构成

中国建筑材料联合会近日发布《中国建筑材料工业碳排放报告（2020年度）》。该报告显示，经初步核算，2020年中国建筑材料工业二氧化碳排放14.8亿t，比上年上升2.7%；建材工业万元工业增加值二氧化碳排放比上年上升0.2%，比2005年下降73.8%。虽然国家和行业积极推进节能减排，技术进步、产业结构调整和能源结构优化等效果显现，建材行业碳排放2014年以后基本维持在14.8亿t以下波动，但建材行业实现碳达峰、碳中和仍面临重重关卡。

集成化墙板在全生命周期内可减少对天然资源的消耗，减轻对生态环境的影响，是具有节能、减排、安全、便利和可循环特征的建材产品，对于我国碳达峰、碳中和目标的实现，具有重要意义。

5.1.2　建筑业转型升级的需要

2020年8月住房和城乡建设部等9部门联合印发《住房和城乡建设部等部门关于加快新型建筑工业化发展的若干意见》，指出要完善集成化建筑部品。编制集成化、模块化建筑部品相关标准图集，提高整体卫浴、集成厨房、整体门窗等建筑部品的产业配套能力，逐步形成标准化、系列化的建筑部品供应体系。根据国家统计局数据显示，2020年1

到9月，全国建筑业实现总产值167927亿元，同比增长3.4%。从总量上看，建筑产业规模很大，但是从可持续发展的层面看，目前还存在不少问题。

1. 建筑产业大而不强

根据相关数据，2019年我国建筑业总产值达24.8万亿元，产值利润率仅为3.37%。整个建筑企业的业务结构和发展方式单一，大部分都处在同质化竞争阶段，产量大，利润率低。

2. 产业"碎片化"

建筑业所存在的质量、安全、环保等一系列问题都是由产业"碎片化"造成的。碎片化体现在设计上的碎片化，设计与施工建造活动脱节，设计不能贯穿生产建造的全过程，以及设计本身的协同性差，在施工环节方面，设计、生产、施工、运营等相互割裂。

3. 产业基础薄弱

对建筑业来说，通过降低材料和劳动力成本来提高建筑产品竞争力的发展空间已经在逐渐缩小，强化以技术创新为核心的市场竞争力才能提高竞争层次，形成独具特色的竞争优势。提高建筑生产的附加值，与高新技术接轨，已经成为建筑业持续发展的必然选择。

4. 产业链水平低

目前整个产业创新体系的各要素资源分散，造成产业链脱节、价值链断裂。此外，行业间关联性差，尚未形成协同高效的产业体系。并且企业的技术与管理脱节，不能充分发挥价值链、供需链的作用。

5. 产业创新体系割裂

目前建筑产业技术创新体系存在"五重割裂"：产业与关联产业之间融合发展的割裂，技术研发投入与成果转化之间的割裂，企业内部产业链技术与生产环节之间协同的割裂，大企业与中小企业在专业化协同创新上的割裂，大学、研究机构和企业主体之间在持续互动上的割裂。

轻质墙板的集成化有利于提升我国建筑围护墙体的产业链水平，强化产业基础，促进围护墙体生产工艺、施工工艺的改善，为建筑产业的转型升级提供强力支撑。

5.1.3 建筑产业工人队伍建设的需要

2017年2月6日，中共中央、国务院印发《新时期产业工人队伍建设改革方案》，明确了新时期产业工人队伍建设改革的指导思想、基本原则、目标任务以及改革举措。2017年2月21日，国务院办公厅印发《关于促进建筑业持续健康发展的意见》，提出加快培养建筑人才，培养高素质建筑工人，到2020年，建筑业中级工技能水平以上的建筑工人数量达到300万，2025年达到1000万。

2020年12月18日，住房和城乡建设部等12部门联合印发《关于加快培育新时代建筑产业工人队伍的指导意见》，就加快培育新时代建筑产业工人队伍提出4个方面11项主要任务，明确到2035年，中级工以上建筑工人达1000万人以上，建筑工人就业高效、流动有序，职业技能培训、考核评价体系完善，建筑工人权益得到有效保障，获得感、幸福感、安全感充分增强，形成一支秉承劳模精神、劳动精神、工匠精神的知识型、技能型、创新型建筑工人大军。

建筑业是我国国民经济的支柱产业，其劳动密集型的特点使得农民工成为建筑工人的主体，是我国产业工人的重要组成部分。据国家统计局《2019年农民工监测调查报告》显示，全国从事建筑业的农民工有5437万人，占全国农民工的20%左右。目前，建筑产业工人面临的工作临时性强、流动性大、作业时间长、环境恶劣、老龄化严重、技能培训不足等诸多现实问题依然没有得到根本解决，严重制约了我国建筑行业的发展。

我国建筑产业工人队伍的培育还存在诸多问题，很重要的一点是我国目前的建筑工业化程度较低，而建筑业的生产方式很大程度上决定了对从业人员素质的要求和行业技术水平。建筑工业化在带动技术进步、提高劳动生产率的同时，降低了建筑业对人员数量的依赖，改善了工人的作业环境，降低了人工成本，摊薄了建造成本，而打破传统依赖人力的建筑产业链条长、分支广，可以催生部品部件生产、专用设备制造、物流、信息等众多新型产业，这些产业能提供大量稳定、高薪、需要技能的产业工人岗位，为建筑业农民工转型提供了需求和环境。

与传统的砌筑墙体相比，集成化墙板采用工厂化加工制作，施工现场可实现快速组装，降低了对作业人员技能要求，减轻了一线作业人员的劳动强度，有利于改善施工和生活环境，提升用工环境舒适度，能够更新人们对建筑业的整体印象和观念，增加行业吸引人才的竞争力。

5.2 轻质墙板集成化的主要形式

5.2.1 管线集成

建筑工业化的特点是标准化、模块化、重复化和通用化。目前我国推行的装配式建筑中大量采用预制混凝土构件技术，即把事先做好的梁、板、柱及墙体等 PC 构件运到施工现场后，再像搭积木一样进行组装。对于电气专业来说，电气配管如何配合建筑预埋在预制结构体上，或集成在建筑装饰面层内，这样的一体化设计就成了研究的关键，这就是我们常说的“管线集成”。

1. 管线集成的概念

在我国建造的住房建筑项目中，大量地沿用电气配管预埋在现浇楼板内的施工做法，配管及接线盒预埋位置相对固定，现场后期会出现大量的交叉施工现象，影响施工效率，降低建筑的整体质量。一般而言，管线集成是事先在工厂将建筑的电气管线等集成在部品部件内部，再将其通过物流配送到现场进行施工的一种技术方法。目前，管线集成在 PC 构件生产领域，有着较为广泛的应用。

首先，设计人员对预埋在预制混凝土墙体（PC 构件）内的电气配管进行标准化、模块化的设计，从而将其集成到建筑 PC 构件中。其次，工厂工人根据设计好的深化设计图纸，对预埋在 PC 构件内的电气配管及接线盒进行准确定位，并在 PC 构件板上预留出足够的操作空间，以降低施工人员对预埋在现浇层叠合楼板上的电气配管与预埋在 PC 构件内的电气配管直接对接的精度要求。最后，施工现场的作业人员在现场安装集成好的 PC 构件，安装完成后，由水电安装人员进行管线连接。现场切割施工与预制构件管线集成对比如图 5-2-1 所示。

2. 管线集成的意义

管线集成技术在优化施工工艺、优化成本控制、优化施工现场职业健康环境、提升质量等方面有非常重要的意义。

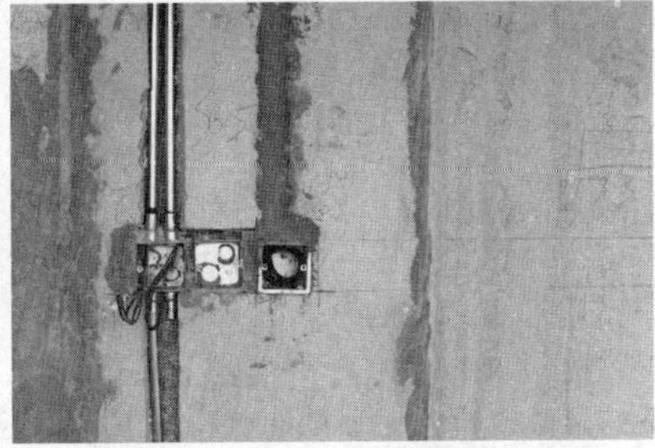

(a) 现场切割

(b) 工厂预制

图 5-2-1　现场切割施工与预制构件管线集成对比

1）可优化管线施工工艺

设备管线可以轻松实现综合布线，且相互之间各不影响，设计施工上也简化不少，只需要将管线预埋在预制部品部件内，即可减少后期交叉施工的问题，将大量由现场制作的工序变为工厂预制，降低了管理难度。

2）优化成本控制

通过管线的集成加工工艺，可实现轻质墙板与管线的集成，现场深化定位，直接安装施工。在连接部位进行管线连接，避免了管线施工造成的破坏及成本增加，可提高轻质墙板的安装效率与整体质量，降低综合成本。

3）优化施工现场职业健康环境

有些墙板在现场安装的时候，因为其固定的规格尺寸无法满足现场整板安装的需求，这时候就需要对墙板进行现场切割。另外，施工现场进行管线开槽作业时，也需要对墙板进行切割，现场切割会产生大量的粉尘，对施工作业人员造成危害。采用管线集成技术可减少在施工现场管线开槽的工作量，优化施工现场的职业健康环境。施工现场开槽对工人健康造成危害，如图 5-2-2 所示。

4）提升墙体安装质量

线管、盒箱等应在内墙面大面积抹灰前，由泥工或抹灰工配合电工按设计标高位置安装完毕。而目前有些施工队则在线管、线盒安装尚未稳固时即开始抹灰，抹灰后再行剔凿，再由抹灰工补抹，这样不仅浪费人工、材料，而且该处抹灰极易产生空鼓、开裂。使用管线集成技术，可减轻交叉施工对墙体安装质量造成的影响。

3. 轻质墙板的管线集成

轻质墙板现场施工时，由于板材的拼接、管线开槽、补板等，需要在现场对轻质墙板

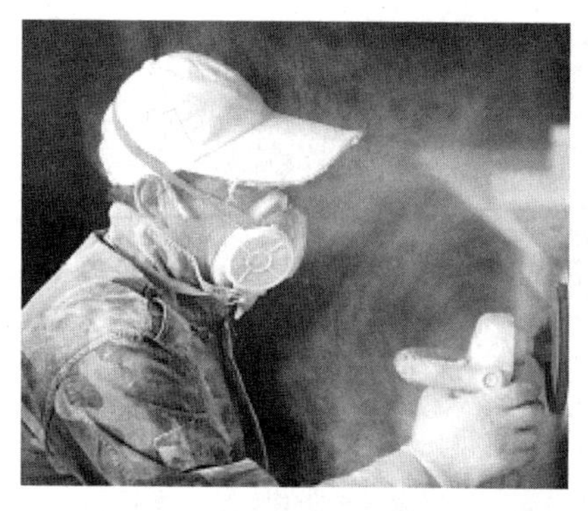

图 5-2-2　施工现场开槽对工人健康造成危害

进行切割，会造成现场噪声污染以及建筑垃圾污染。因此，轻质墙板的管线集成，可参照PC 构件的做法，在工厂中将管线集成在轻质墙板内部，从而有效解决上述问题。

1）管线集成的实现路径

目前，轻质墙板的管线集成主要有两条实现路径，即工厂开槽后补以及一体化成型。轻质墙板管线集成示意图如图 5-2-3 所示。

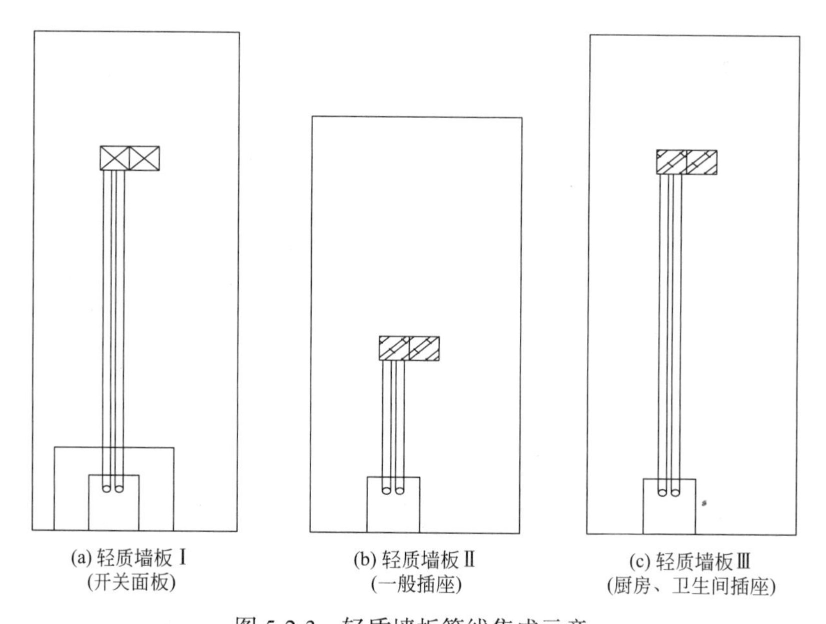

图 5-2-3　轻质墙板管线集成示意

工厂开槽后补是基于精准深化设计，轻质墙板在工厂生产养护完成后，建立延伸加工工艺。根据深化设计定制延伸加工，通过特定工具将管线的位置及线管的槽、洞在工厂加工完成，把线管敷设完成后，再用专用胶泥填补槽、洞，形成管线集成轻质墙板。

一体化成型是在生产前，将线盒与管线使用专用接头、锁母连接，并使用防护材料进行有效封堵，防止在浇筑生产的过程中发生漏浆，影响后期线盒的穿线施工；生产时，使用专用的定位件将线盒定位在模框内，再进行模框的浇筑；养护完成后，及时观察管线的成型状态，并做好质量记录，确认无质量问题后，即完成轻质墙管线集成的一体化成型。

2）轻质墙板管线集成优势

（1）可有效减少轻质墙板现场施工时因人工凿槽、切割洞口、敷设管线、补填修复等二次作业造成的建筑垃圾和噪声污染。

（2）ALC 墙板与 ALC 双拼板生产养护工序完成后，可设置延伸加工工艺，通过深化设计精准定位，利用开槽、开洞等机具将线盒、配电箱等安装完成。经过处理，开槽、开洞造成的“建筑垃圾”可变成 ALC 板生产的原材料，达到变废为宝的功能。ALC 板材废料回收利用如图 5-2-4 所示。

图 5-2-4　ALC 板材废料回收利用

（3）可节约资源、保护环境、减少污染、为人们提供健康、适用、高效的使用空间，最大限度地实现人与自然和谐共生的高质量建筑。

5.2.2　装饰一体化

随着我国建筑工业化进程的不断推进，以满足建筑围护系统适用功能和综合性能为目标，通过标准化设计和一体化技术集成，采用高效、节能、环保的工业化生产方式制作完成，具有高品质特征，并可实施高效率安装建造的产品，已经成为重要的发展方向。

1. 装饰一体化的概念

简而言之，墙体的装饰一体化，就是所有墙体全部在工厂生产完成，表面装饰根据客户需求在工厂一体化处理，运输至施工现场后，仅需要拼装的装饰件。目前国内建筑在交付使用时多为“毛坯房”，装修大多采用砖墙分隔各个功能用房，既费时又费力，而且产生大量建筑垃圾；将来维护更改需全部拆除，且不可回收。现在装修中大部分都已实现集成化，如集成家具、集成厨房、集成吊顶等，唯独缺少集成内隔墙系统。因此，内隔墙系统的装饰一体化，将实现墙体的“交钥匙工程”，具有重大意义。

2. 装饰一体化的意义

装饰一体化板由工厂预制生产，管线与装饰同步施工，可缩短工期，提高工效，是对传统建筑装修设计和施工工艺的一次重大变革。推广管线装饰集成技术的意义和必要性体现在以下几点。

1）装饰质量可控

装饰一体化技术是从源头上控制建筑装修质量的有效手段，建筑装修中的管线安装工程和装修中保温层都是一种隐蔽工程，施工现场很难对装饰的质量进行有效控制，装饰一体化基本实现了工厂化生产，工厂化质量控制指标都相对比较稳定，装饰的各个环节都能够很好地把关，可以防止施工过程中人为因素产生的质量问题，这就能够从源头上控制建筑装饰的质量。

2）一体化程度高

实现设计施工一体化，即结构、装饰、管线一体化设计。前期设计时，就根据市场需求掌握建筑装饰设计和施工的趋势，对材料的性能、管线布置、装饰面层，以及工厂的生产、现场的安装等进行系统化的深化设计，并制订合理的分工流程、分工管理体系，最终实现设计施工一体化目标，并充分发挥其功能，从而实现综合成本低、施工作业快、绿色节能环保的目标。

3）综合成本更低

综合成本低主要体现在可节约原材料，节省工时；另外，单模块可拆卸更换以及回收，方便维修与升级，降低二次改造成本。

4）施工作业快

施工作业快主要体现在产品工业化定制和套装成品预制构件的制造，减少了墙板现场的人工凿槽、切割洞口、敷设管线、补填修复等，让传统装修 80% 以上的工作量在工厂内完成，现场只需简单地装配，即可快速实现装修效果，缩短工期。

5）绿色节能环保

绿色节能环保主要体现在现场作业过程中采用全干法施工，不使用任何涂料、溶剂、胶粘剂，从而形成无毒家装全材料解决方案，从源头上杜绝装修材料中甲醛、苯、DM 等有害化学物质的危害。

3. 装饰与设备一体化

随着国家装配建筑政策的出台，建筑围护系统的集成化发展迅速，但目前从总量上看并不大，目前还处于起步阶段，相关应用主要集中在外围护系统的保温装饰一体化。随着建筑业转型升级进程的逐步深入，装配式轻质墙板的市场规模将不断扩大，轻质墙板的装饰一体化技术将会不断完善，逐步成为市场的主流选择。针对一些经常需要改变布局的空间，如医院病房、办公室的内部装修，可采用装饰与设备一体化，提高室内空间的灵活性，装饰与设备一体化示意如图 5-2-5 所示。

通过墙体、地面与各类设备管线的结合，使各种内、外装材料、户内的管线与设备具备低能耗、高品质、长寿命的特点，能够根据使用者生活变化进行灵活调整，体现出资源循环型绿色建筑理念，墙体、地面与管线的结合如图 5-2-6 所示。

在内装部品体系中，集成部品的三大核心技术（复合墙面系统、架空地板系统、架空吊顶系统）能保证建筑的承重围护结构体系、内装体系、管线设备体系相分离。这样可以保证对内装体系以及管线设备体系进行变更时，并不会对建筑的承重围护结构造成影响。住宅中的管线种类复杂，功能不一。对于内装部品体系来说，由于部品体系的发展，架空墙体、轻质隔墙、架空地板都形成空腔，可以自由灵活地敷设各种管道。集成化部品与管线设备的灵活布置，如图 5-2-7 所示。

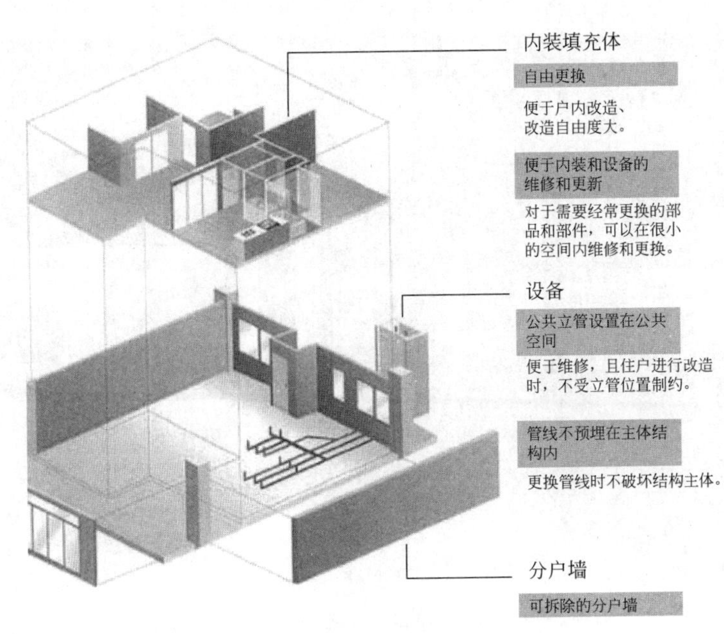

图 5-2-5　装饰与设备一体化示意

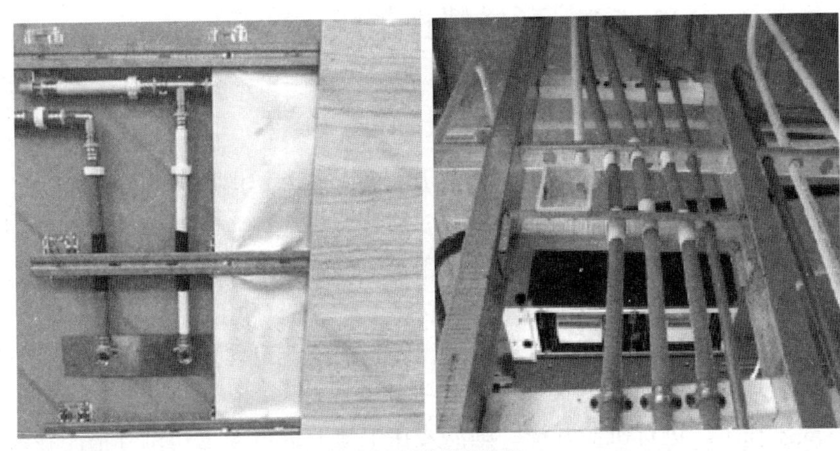

(a) 架空墙体的管线协调

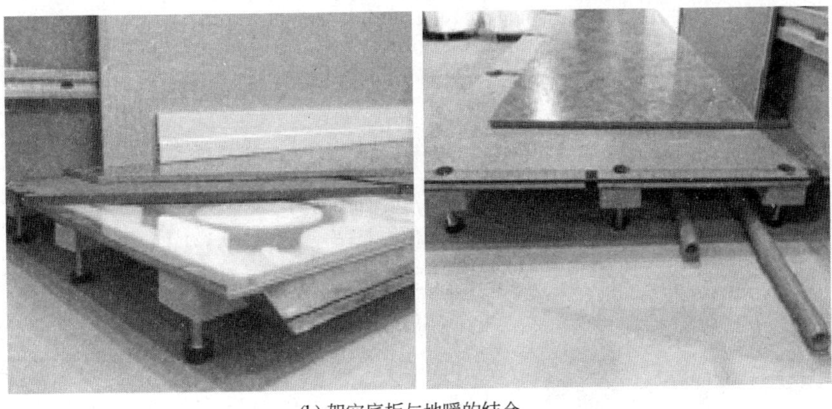

(b) 架空底板与地暖的结合

图 5-2-6　墙体、地面与管线的结合

图 5-2-7　集成化部品与管线设备的灵活布置

5.3　轻质墙板集成化案例

5.3.1　管线集成案例

目前我国的隔墙制品大概可以分成三大类，即轻质砌块墙体、混凝土隔墙、有龙骨的隔墙。混凝土隔墙与有龙骨的隔墙已经能够实现管线集成，砌块类隔墙需要在隔墙安装完成后剔槽，在槽内进行管线的敷设安装，再用水泥砂浆等填充材料填补找平。这样的工序增加了人工成本、建筑垃圾，并对墙体有所破坏。

装配式建筑墙板管线集成的必要性体现在《装配式建筑评价标准》GB/T 51129—2017强调了内隔墙采用墙板、管线、装修一体化的“集成性”。现有技术中，针对管线施工设置，如果管线未在工厂进行机器开槽，则需要在工地上进行人工切割开槽。在现场进行开槽时，工作量大，粉尘多，容易降低工作效率，造成工期延误。

管线集成目的是提供一种基于装配式建筑墙板的自动化生产及其安装方法，其优点是无需人工对墙板的表面进行切割开槽，有利于提高施工效率。管线集成包括以下生产流程。

图 5-3-1　标准化生产

（1）标准化生产：应按图纸尺寸准确定位，在隔墙上完成放线，并喷涂标识。可根据不同尺寸进行批量化生产，如图 5-3-1 所示。

（2）管线集成：专业自动化设备统一开槽，根据画好的图纸尺寸进行预设套管，套管的端部设有弯折式的转向管，相邻的墙板内的套管通过转向管相连通，墙板中预设计有与套管相连通的线盒。

（3）封板填充：专业设备开完槽，预埋套管线盒后，抹上一层专用胶粘剂进行修补，填充管线与墙板之间的缝隙，填缝砂浆必须密实平整，如图 5-3-2 所示。

通过上述技术方案，在敷设管线的过程中，施工中无需对墙板进行切割开槽，只需要将管线穿设进套管内的通道中，并将管线从套管内穿设到线盒内，使得线头预留在线盒内。这样能减少施工人员敷设管线时临时在墙板上开槽的操作步骤，提高了施工效率，加快了施工进程。集成化墙板成品如图 5-3-3 所示。

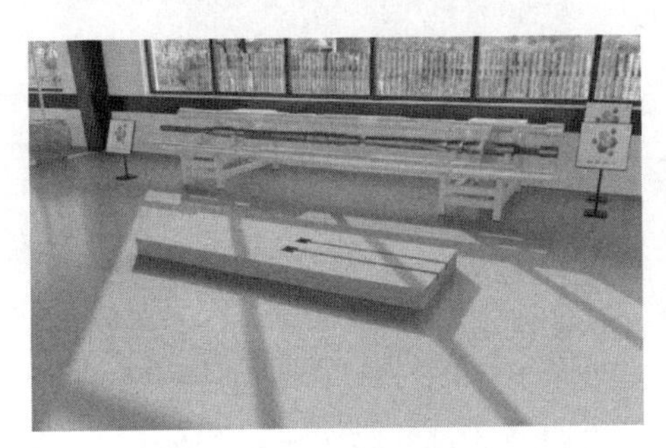

图 5-3-2　封板填充

图 5-3-3　集成化墙板成品

5.3.2　装饰一体化案例

覆膜金属一体化板的集成是集承重、装饰、保温、防火、防水于一体，无需二次装修即可满足装修要求。装饰一体化应包含以下三点：一是板材能自承重，不需要依赖建筑的主体结构或另做结构框架；二是室内装饰层与板材本身一体化，即板材施工完成后满足装饰要求；三是施工后板材无需再做保温、防火、防水，即能满足设计要求。

板材都是在工厂预制生产（机制板或手工板），工艺控制严格，质保体系完整，产品质量稳定可靠。在市场趋势和业主的需求下，建筑装饰装修的整体情况有了很大的提升，在细节上做得更加精致、环保和智能化，也是现代社会建筑行业发展的需要。覆膜金属一体化板能够很好地满足管线装饰集成化，通过覆膜金属一体化板，可更好地了解管线装饰集成化的流程。

覆膜金属一体化板是一种新型板材材料，与普通装饰板的优缺点对比见表 5-3-1。

覆膜金属一体化板与普通装饰板优缺点对比　　**表 5-3-1**

材料	覆膜金属一体化板	传统铝板 / 石材幕墙	薄抹灰系统
保温性	工厂预制保温层，系统保温性能优异	现场敷贴保温层，保温材料密度低，保温性能差	现场敷贴保温材料，保温性能可控
防火性	防火性能好，保温层防火等级能达到 A 级	铝板熔点低，防火性一般	存在低防火等级的保温材料，防火性较差
防水性	比传统外墙处理工艺多一道防水，更可以按照要求个性化设计防水层	防水效果较好	易开裂，防水性能差
装饰性	可以模仿铝板幕墙 / 石材幕墙以及客户想要的其他图案	易发生色差，不可随意变换	只能表现涂料的质感
现场施工	企口插入式安装方式，可重复拆卸，没有焊接，纯螺钉安装，效率高，施工周期短	有焊接作业，需要起重设备	受季节影响大，施工工艺工序多，速度慢

1. 覆膜金属一体化板的集成化的流程

覆膜金属一体化板的装饰集成化的流程如下：

（1）覆膜金属一体化板的生产，如图 5-3-4 所示。

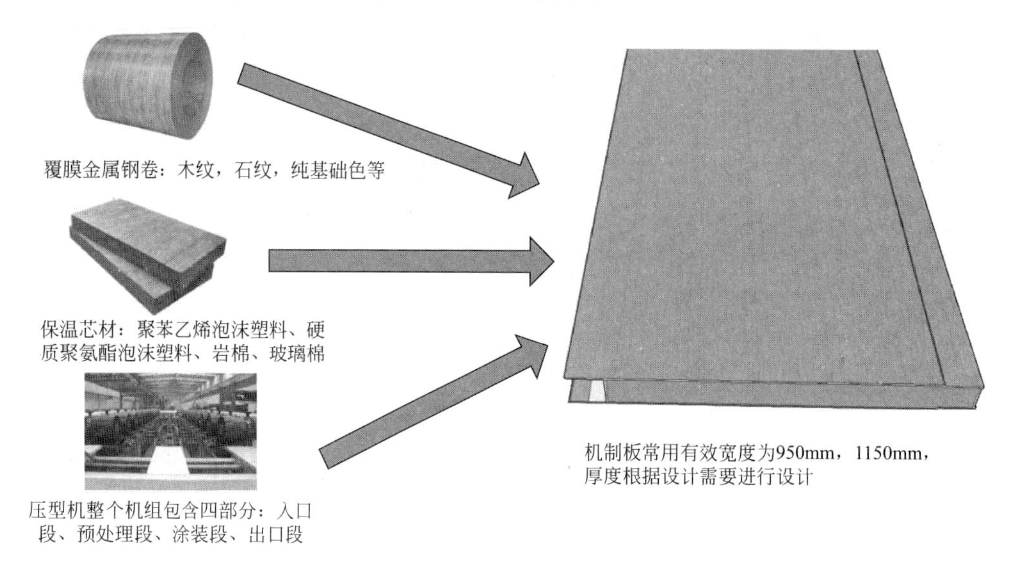

图 5-3-4　覆膜金属板一体化板的生产

（2）根据设计深化图纸弹线，确定好管线预埋的位置，如图 5-3-5 所示。

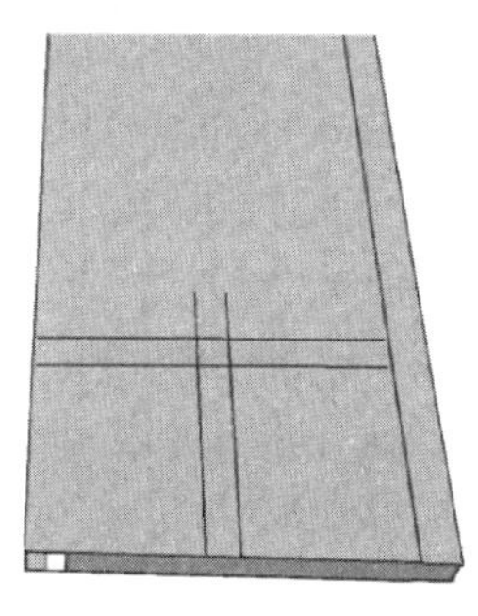

图 5-3-5　覆膜金属板一体化板弹线

（3）按照弹好的线，在覆膜金属板一体化板上单面开洞，如图 5-3-6 所示。

（4）安装管线套管，如图 5-3-7 所示。

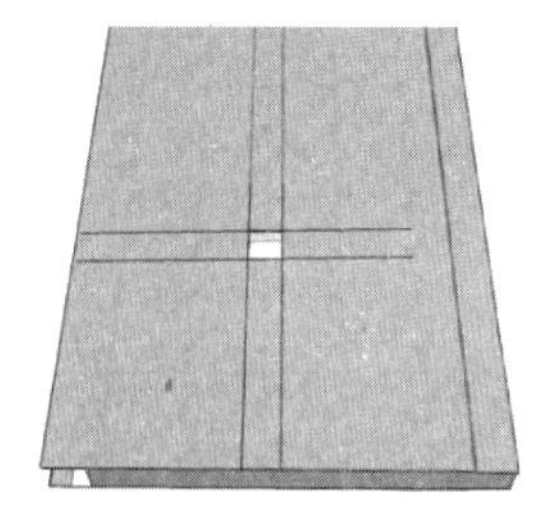

图 5-3-6　覆膜金属板一体化板切割

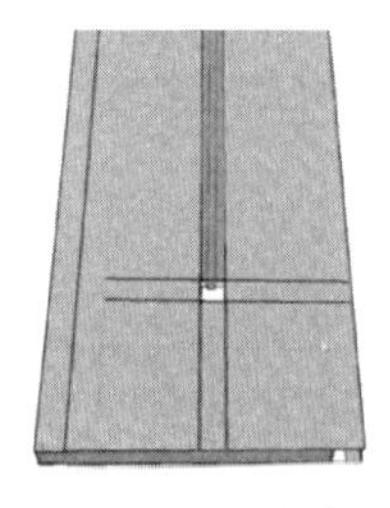

图 5-3-7　管线套管的安装

（5）对墙板编号，根据墙板编号图中的编号存放，等待打包。

2. 覆膜金属一体化板的质量要求

（1）板材出厂验收标准，按企业标准或行业标准执行。

（2）板材外观应符合表 5-3-2 的规定。

覆膜金属一体化板外观规定 **表 5-3-2**

项目	规定
板面	平整；无明显凹凸、翘曲、变形；表面清洁；无胶痕、油污
切口	平直、切面整齐、无毛刺；面材与芯材之间粘结牢固、芯材密实
芯材	切面应整齐，无大块剥落，块与块之间的接缝无明显间隙

（3）同一色卡号的板材无色差缺陷。

（4）板材表面应无明显撞击或划伤痕迹，若损伤面积大于 10mm^2，或划伤长度大于 50mm，必须调换。

（5）安装后，整板垂直度为 ±2mm，板缝平整度为 ±0.5mm。

（6）安装后天花板平整度为 ±3mm，板缝平整度为 ±0.5mm，天花板与顶型材缝隙不大于 1mm。

第 6 章　轻质墙板常见质量通病及防治

通过学习前面的内容，读者可以对轻质墙板的专业知识以及行业发展趋势有较为系统的了解，但是在实际的工程应用过程中，轻质墙板还存在众多质量问题，其中有生产过程中产生的质量问题，运输过程中产生的质量问题，成品保护中产生的质量问题，安装过程中产生的质量问题，以及在后期的装饰装修过程中产生的质量问题等。以下通过案例分析的形式，将各阶段的质量问题进行整理，详细说明质量问题的类型、问题的处理方式以及处理结果与分析。

6.1　常见质量通病汇总

目前，轻质墙板在各环节的质量问题较多，笔者通过对轻质墙板各应用环节进行深入调研，将轻质墙板存在的主要质量问题进行了归类整理。轻质墙板质量通病及原因汇总，详见表 6-1-1。

轻质墙板质量通病及原因汇总　　**表 6-1-1**

序号	发生阶段	现象描述	产生原因
1	墙板生产	挤压墙板表面纵向裂纹	挤压机铰刀间混凝土挤压不紧
2	墙板生产	挤压墙板表面边缘横向小裂纹	大风或空气干燥引起墙板表面水分蒸发，使得混凝土干缩
3	墙板生产	挤压墙板厚薄偏差大	地模因场地沉降等原因产生变形，引起墙板厚度不均匀
4	墙板生产	挤压墙板表面不干净，有油迹	挤压机变速箱漏油
5	墙板生产	挤压墙板表面起酥、起壳	气温低，墙板受冻
6	墙板生产	蒸压墙板芯管拔不出	拔管时间迟
7	墙板生产	蒸压墙板表面起坑	模板隔离剂刷得不匀，混凝土咬模
8	墙板生产	蒸压墙板中间横向裂缝	墙板混凝土早期强度低、养护时间太短
9	墙板生产	蒸压墙板边缘纵向裂缝	墙板混凝土早期强度低、养护时间太短
10	墙板生产	蒸压墙板板端脆裂	墙板混凝土早期强度低、养护时间太短
11	墙板生产	蒸压墙板表面蜂窝麻面	模板隔离剂刷得不匀、消泡（剂）不足
12	墙板生产	蒸压墙板表面起壳	拆模太早，养护结束时表面降温太快
13	墙板运输	运输途中墙板破碎	墙板下未垫木方，或者垫得不规范，路面颠簸
14	墙板运输	搬运时墙板易碎	墙板早期强度低，养护时间不足
15	墙板安装	现场堆放出现断板	堆放不规范，抬起部位或方式不对

续表

序号	发生阶段	现象描述	产生原因
16	墙板安装	墙面梁下水平裂缝	板下没有垫实，板顶缝塞浆不足
17	墙板安装	止水坎上水平裂缝	板下打浆不足
18	墙板安装	墙板与柱、混凝土墙间有竖向裂缝	墙板有收缩，且墙板与柱、混凝土墙间的缝不实或拉结不够，墙面太长
19	墙板安装	墙板间的缝隙上有裂缝	板缝塞缝不实，没挂网，墙面太长
20	墙板安装	墙板的板面上有竖向裂缝	墙板有收缩，且墙板强度不足
21	墙板安装	墙板的板面上有横向裂缝	墙板含水率高，且墙板强度不足
22	墙板安装	墙板门头上倒“八”字形裂缝	门头上横向板的两端及下方支承点塞浆不实（足），或线槽填补不实，或未贴网格布
23	墙板安装	墙面线盒或开关上下有竖向裂缝	线槽填补不实，或未贴网格布
24	墙板安装	门边板接缝裂开	受到外力作用
25	墙板安装	梁下接缝处空鼓	安装前，板面清理不到位，胶浆失效，挂网格布时批浆没批实
26	墙板安装	板与板接缝处空鼓	板面受冻，且安装前板面清理不到位，胶浆失效，挂网格布时批浆没批实
27	墙板安装	板顶接缝处未处理	没塞泡沫棒，或只卡缝，没塞缝
28	墙板安装	板面空鼓	板面受冻，且安装前板面清理不到位，界面剂批刷不到位
29	墙板安装	钢卡漏打	—
30	墙板安装	钢卡露出板面	钢卡偏位，钢卡尺寸偏差太大
31	墙板安装	墙面不平整	墙板厚度偏差大，安装校核不够，单面控制
32	墙板安装	墙板垂直度不够	安装校核不够，单面控制
33	墙板安装	墙体偏位	测量放线不准，墨线模糊不清
34	墙板安装	留洞尺寸偏差大、偏位	测量放线不准，墨线模糊不清，没有进行校核，交底不清
35	墙板安装	墙面网格布贴得不整洁	—
36	墙板安装	钢卡虚放不固定	—
37	墙板安装	补板位置塞砖或泡沫棒	—
38	墙板安装	门洞边孔不灌浆	—
39	装饰施工	洞口、线盒周边开裂	洞口开得太大，没填实，或者没挂网格布
40	装饰施工	板面龟裂	没配钢筋（或者挂网格布），粉刷层太厚、太稀
41	装饰施工	板面空鼓	界面剂批刷不够均匀
42	装饰施工	因临时不按规范开槽而造成板面裂缝	—
43	装饰施工	墙板养护不到位造成板面裂缝	—
44	其他	不按规范要求设置构造措施	—

下面将通过案例分析的方式，具体讲解生产、安装、管线施工、装修等环节中常见的质量问题。

6.2　生产质量通病及防治

6.2.1　ALC 板生产质量问题

1. 项目案例概况

江苏南通某 ALC 板生产厂家于 2019 年投产，设计年产 20 万 m^3 蒸压加气混凝土砌块、20 万 m^3 蒸压加气混凝土板材，主要从事蒸压加气混凝土砌块、蒸压加气混凝土板研发、制造、销售、安装等业务。在企业的实际生产运行过程中，发现 ALC 板在生产过程中会出现各类生产质量问题，各生产厂家需要引起重视。

2. 常见质量问题

（1）板材出现水印甚至生砖现象，板材面积大，容易在蒸压养护过程当中出现夹生的现象，如图 6-2-1 所示。

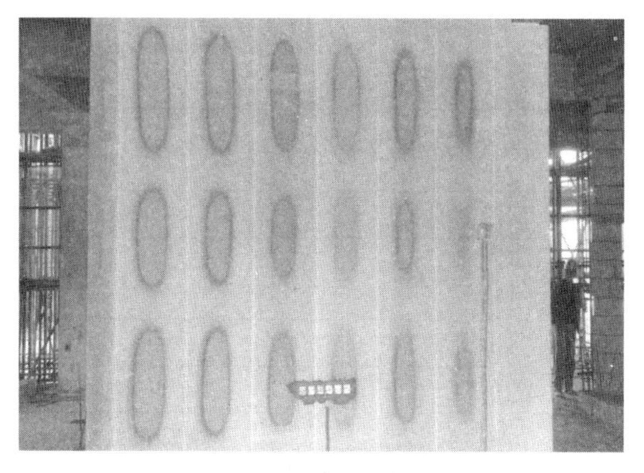

图 6-2-1　板材水印

（2）模箱清理不到位，墙板成品平整度出现误差，如图 6-2-2 所示，对后续施工造成显著影响，美观性差。

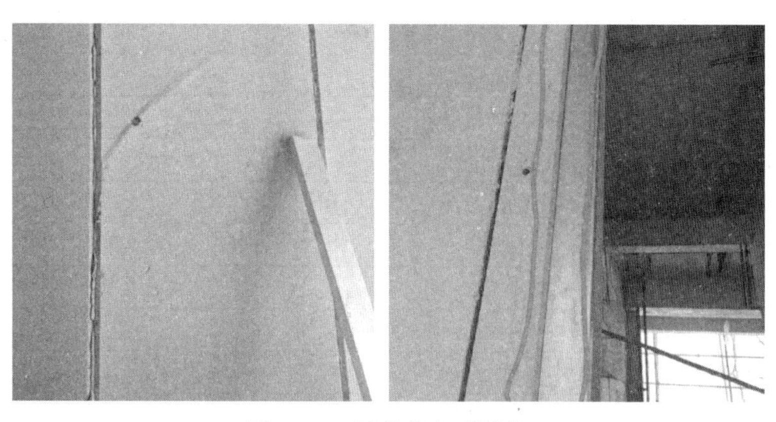

图 6-2-2　平整度出现误差

（3）在墙板生产运输和存放过程中，出现撞击、磕碰及压垮等问题，导致墙板缺棱掉角，如图 6-2-3 所示。

图 6-2-3　缺棱掉角

（4）切割钢丝、刀具未清理干净，导致板面毛糙，如图 6-2-4 所示。

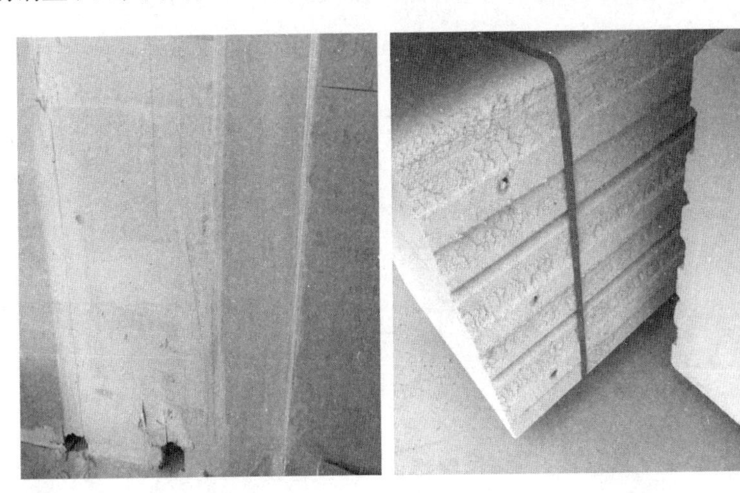

图 6-2-4　板面毛糙

（5）拔钎时，未掌控好胚体硬度，导致钎孔处出现裂缝，如图 6-2-5 所示。

图 6-2-5　钎孔裂缝

（6）因原材料质量问题，不同生产批次的板材有色差现象，视觉效果差，如图 6-2-6 所示。

图 6-2-6 成品色差

（7）存放不当，出现板材压垮、磕碰等问题，如图 6-2-7 所示。

(a) 压垮

(b) 磕碰

图 6-2-7 存放不当

（8）蒸压养护过程不到位，导致板材之间出现粘连现象，如图 6-2-8 所示。

3. 质量问题分析

在墙板生产过程中，墙板出现质量问题，主要有以下七个原因。

（1）原材料的影响：与蒸压加气混凝土砌块相比，板材对原材料和工艺条件要求更为严格。石灰消解太快，会造成产品在预养过程中出现冒泡多、沉降大等现象，严重的甚至可能造成塌模和报废。铝粉（膏）的选择对墙板的生产稳定性有显著影响，宜选用偏细的规格。蒸压加气混凝土中的发气材料在料浆中产生化学反应，放出气体，并形成细小、均匀、密闭的气孔，使加气混凝土具有多孔状结构。蒸压加气混凝土要形成理想的气孔结构，就必须让铝粉的发气与加气混凝土料浆的稠化过程相适应，这就要求铝粉不仅要有较多的金属铝含量（活性铝），还要求有一定的细度及颗粒形状，以保证合适的发气曲线。

（2）配方的选定：生产蒸压加气混凝土板时，可在生产同级别砌块的基础上增加总投料量，通过调整发气高度来控制板材的干密度，这样既可以保证板材生产的稳定性，也可以通过切割面包头使板材外表面更为美观。在生产板材时，可适当调大料浆流动度，这样既可保证板材在发气过程中的顺畅性，又能改善钢筋网片附近的气孔结构，同时可最大限度地提高板材的网片附着力。

图 6-2-8　粘连现象

（3）坯体塑性差异：蒸压加气混凝土板出于规格限制，生产中常出现一模多段或者板材附带砌块的情况。坯体在输运、翻转过程中会产生塑性变形，而由于塑性结构的不一致，板端部易产生纵向断裂。增加板材、砌块隔断或降低切割速度，可有效减少此类缺陷的产生。

（4）机械因素：坯体在整个预养、切割乃至蒸养过程中反复翻转、输送，不可避免会受到输送装置机械振动的影响。由于坯体的强度和承受能力有限，易在此过程中出现裂纹。

蒸养托板和模具所处环境的温度交替变化幅度大（常温—高温—常温），以及在坯体与自身重力长期作用下，托板和模具易发生变形；并且模具的反复开合也会影响其精度。缺失精度和平整度的模具和托板易导致坯体产生裂缝，严重的会产生废模。因此，做好设备维护和定期校准尤为重要。

（5）蒸养导致的粘连：坯体的切割硬度既反映了切割时坯体的水分含量，也决定了切开缝隙的宽度。坯体强度高时，切割缝中的残沫强度也相对较高，水分含量少，大量失水的物料碎末阻碍了缝隙两边的坯体在水化反应时向对面延伸结晶；反之，水分含量多，则残沫强度也相对较低，坯体自重压缩切缝，同时由于物料本身的水化反应，会构成具有一定强度的粘结层，使坯体发生粘连。

（6）蒸养导致的裂缝：蒸压养护时，温度、压力变化较快，板材坯体与钢筋的膨胀难以同步，钢筋膨胀系数大于坯体，坯体塑性差，不能有效抵抗热应力，因此形成裂纹。蒸压养护裂纹是蒸压加气混凝土板生产过程中的工艺难点，一般从生产原料和蒸压养护工艺两个方面进行协调控制。

（7）蒸养导致的水印：水印较轻的板材在放置一段时间后，印痕会慢慢地消失；水印严重的板材表面发黑，且该处抗压强度明显偏低。产生水印的因素有很多种，主要包括原材料、生产配方、蒸压养护工艺等。在原料方面，可选用硅含量高的石英砂，并尽可能地减小水料比，增大石灰、水泥的比例；在蒸压养护工艺方面，主要考虑蒸汽的品质，过热及过饱和的蒸汽都不利于产品的水热合成反应。另外，足够的真空度有利于产品的水热合成反应，也有利于蒸汽在坯体之间的传导，从而达到解决水印的效果。

4. 注意事项及问题的处理

（1）ALC 板生产过程中，应按要求及时对模车、组网设备、切割设备、养护设备等进行维护与保养，降低故障率，使其保持良好的运行状态。另外，生产中应经常进行机械设备运行参数的检查与校正。

（2）ALC 板在蒸压养护过程中，板材内部受蒸汽影响，含水率较大，在这种情况下，如果直接用于安装上墙，会引起墙体的较大变形，造成墙体开裂，为了保证 ALC 板出厂含水率的稳定，在 ALC 板生产线上应增设风干设备，使墙板含水率符合国家标准。

（3）ALC 板生产厂家应建立健全生产管理制度，完善质量保证体系，设置满足要求的材料临时堆放场地，以保证墙板各项指标都符合国家标准。

（4）墙板堆放过程中，墙板在高度方向最多堆 3 层并捆扎牢固，雨天堆放宜加盖防雨布，以防止墙板吸湿。

ALC 板填充墙产生裂缝的原因是多种多样的，仅靠几种方法很难达到解决墙体开裂的要求。要预防裂缝的产生，就必须在制板原料、生产、运输、安装直至成墙的整个过程，采取有效控制措施，方能保证交给用户一面完整无缝的墙。

5. 防治措施

发生生产质量问题后，往往需要投入更多的人力、物力进行处理，因此，生产厂家需加强生产管理，加强生产人员培训，加强操作规程的修订，加强新技术、新工艺的研发，不断增强质量意识，落实生产岗位职责和产品质量责任，达到产品生产一次成优的目标，实现全面提高墙板生产质量、降低生产成本、提高企业信誉度的目标。

6.2.2 陶粒板生产质量问题

1. 项目案例概况

泰州某新型建筑材料厂家于 2017 年投产，主要从事预制实心方桩、新型水利防护方桩板、纳米新型材料的生产和销售。2019 年公司根据市场需求，引进蒸压陶粒板生产线来生产蒸压陶粒隔墙板，经过近 1 年的生产运行，车间生产组织逐渐完善，陶粒板的产能也得到极大提升，但在实地的调研过程中，发现该生产线在生产质量方面还存在一些问题，而此类问题也是陶粒板生产过程中的常见质量通病。以下重点对陶粒板常见的生产质量通病进行分析、处理，并提出可靠的防治措施。

图 6-2-9 混凝土成型时出现开裂

2. 常见质量问题

（1）混凝土成型时，容易产生以下质量问题：表面纵向裂纹；水灰比太大导致的坍孔；墙板断面尺寸过大或过小；地模沉降变形导致的墙板厚薄不均匀。混凝土成型时的出现开裂，如图 6-2-9 所示。

（2）混凝土养护不充分，强度未达到

设计值，后续作业时墙板产生破损，如图 6-2-10 所示，混凝土强度不够，还容易出现横向裂纹，运输时易产生断板现象。

图 6-2-10　混凝土强度不够引起的破损

（3）混凝土成型后，容易产生墙板边缘表面龟裂。在墙板养护前期，浇水不足，可导致混凝土水化不充分、强度低，从而导致板面易出现竖向裂缝，如图 6-2-11 所示。

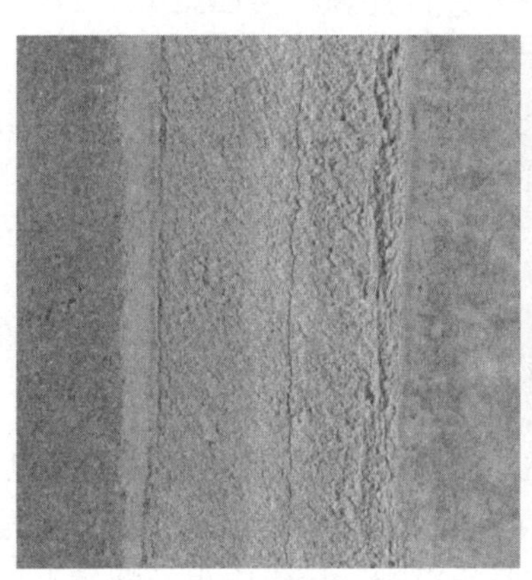
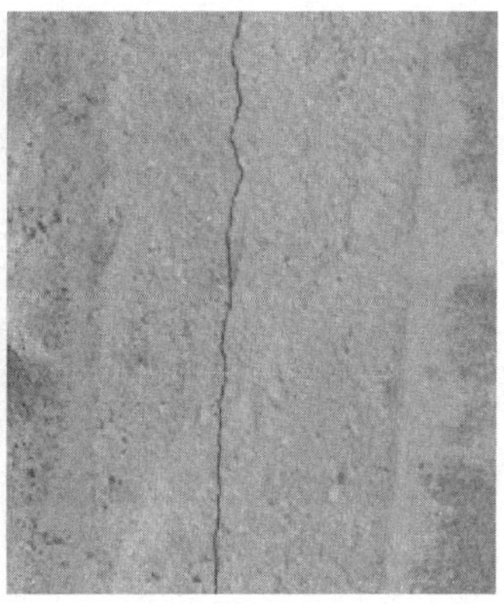

图 6-2-11　板面出现竖向裂缝

（4）墙板断板时，容易切割到地模和导轨，导致后面生产的板面产生板底凸纹，造成墙板表面不平整的现象，如图 6-2-12 所示。

图 6-2-12　地模裂缝导致墙板产生凸纹

（5）挤压成型的混凝土墙板生产时，挤压机容易跑偏，造成墙板一边增厚，另一边边缘凹槽外侧产生凸线条，影响粘贴网格布。

（6）如拔管时间过早，混凝土强度过低，会导致墙板受损，或者拔管时间过迟，会导致管子拔不出来。

3. 质量问题分析

在墙板生产过程中，引起墙板质量问题的原因主要有以下四类。

（1）机械设备、场地问题：在墙板生产过程中，应按规定及时进行机械设备和场地地模的维护与保养，使其保持良好的运行状态。生产中，应经常进行机械设备运行参数的检查与校正。

（2）养护时间问题：要按规定的养护时间、温度对陶粒板进行养护，根据生产季节和气温的变化及时调整拔管或起板的时间，同时保持拔管或起板的顺序与混凝土浇筑或成型相一致，养护温度的增加和下降要分级进行，不可因急增急降导致板面混凝土的开裂。

（3）应严格控制原材料的品质、级配，以及混凝土的配比、原材料的计量，要按操作规程进行标准生产作业。

（4）应按规定进行板材的转运、码放，长途运输时，一定要用木方垫好墙板，防颠、防撞、防碰，谨慎操作。

4. 问题处理

对于墙板在生产过程中发生的质量问题，应按规定严肃处理。对于严重损坏的墙板，必须作废弃处理，送入废品库；对于局部有轻微损坏的墙板，应按预案进行精心修补，恢复全部性能，在墙板完全达到质量标准后，方可进入成品库。

5. 防治措施

发生生产质量问题后，会消耗人力、物力进行处理，但如果生产的不是合格的成品，还要花费更多人力、物力，会导致企业产生亏损。所以，加强生产管理、生产人员培训、操作规程的修订，加强新技术、新工艺的研发，不断增强质量意识，落实生产岗位职责和产品质量责任，力争达到产品生产一次成优的目标，实现全面提高墙板生产质量，降低生产成本，提高企业信誉度的目标。

6.3 运输质量通病及防治

墙板从生产、运输到转运至楼面需要多道运输工序，墙板自身难免会受到外界的影响，起板、场内叉运、码放、垫置、汽运、装卸、现场二次转运、上板到楼面，墙板的受力点不断发生变化，有时还会受到振动、碰撞的影响，板内应力不断发生变化，此时，如果养护期未满，混凝土的强度还较低，板的薄弱部位会产生细小裂纹，有时甚至会出现裂缝、断裂、缺棱掉角的现象。

1. 项目案例概况

宜兴市某商住楼项目共 5 栋，建筑面积 75216m^2，主体结构为框架 - 剪力墙结构，地上 26 层、地下 2 层。100mm 厚墙板的安装面积为 9600m^2，200mm 厚墙板的安装面积为 9200m^2。2019 年 10 月，某建材厂进行项目墙板安装损耗率计算分析时发现，该项目的墙板损耗率高达 13.7%，严重超过了正常的损耗率，实际损耗 2580m^2 的墙板，价值达到近 20 万元，扣去正常损耗，实际的运输断板损耗近 13 万元，现场如图 6-3-1 所示。

2. 常见质量问题

经施工现场踏勘发现，项目现场有成堆的废板，堆积如山，严重占用了施工场地。再经现场调查了解，墙板在运输过程中多次出现断板的情况，有的甚至 1 匝中有 3~4 块是断板，运输至现场造成废板堆积，损耗巨大。

图 6-3-1　运输不当产生的断板

3. 问题分析

造成墙板在运输过程中产生断板的原因主要有以下几个方面：

（1）墙板养护时间过短，混凝土强度太低，未达到墙板出厂检验强度；

（2）墙板生产时，水泥用量过少，造成混凝土早期强度低，经不住运输颠簸；

（3）运输车辆行驶速度过快，造成汽车颠簸，进而引起墙板断裂；

（4）采用货车运输时，墙板未垫垫木，或者垫木位置不正确；

（5）墙板装卸摆放方法不正确，没有放置平稳，造成墙板损坏。

4. 问题的处理

墙板受到严重颠簸时，一旦碎裂折断，应立即作报废处理，即使不断裂，也有可能引起墙板内部的损伤，留下细小裂纹，在墙板安装后随着收缩变形的发展而发展成裂缝，必须在工程后期再行处理。

5. 防治措施

对于 ALC 板来说，在装车时，墙板在高度方向最多装 3 层并捆扎牢固，雨天运输时，需加盖防雨布，以防止墙板吸湿。ALC 板需要平放或侧立放，同时选择相应长度的车辆。墙板进入施工现场后，要尽可能地减少驳运，竖立后，不可长距离调整移动，以避免缺棱掉角。原则上，安装前，应先检查墙板的破损位置和破损程度，对影响结构耐力的破损墙板作报废处理，需修补的墙板，在修补时，应进行墙板破损部位基层清扫，每次修补厚度不宜大于 7mm，修补完成，并等修补材料强度达到设计值后，用钢齿磨板和磨砂板进行外观尺寸的修正。如墙板在安装过程中边角破损，从顺序上来说，可以等安装完成后进行修补，修补时，注意不要污染周围的墙面。如下道工序施工时可能会对产品造成污染与损坏，应做好铺垫、包扎等保护措施。

在运输陶粒板的过程中，车辆应做好防振措施，防止运输过程中因车辆颠簸而对其造成伤害。另外，如果路途遥远，可加增缓冲保护措施。

搬运陶粒板时，建议多人搬运，以防止因磕碰而造成损失，搬运时，需特别注意其板角，避免因磕碰而影响使用。

6.4　安装质量通病及防治

6.4.1　陶粒墙板安装质量通病及防治

1. 项目案例概况

苏州某住宅项目的主体为现浇混凝土框架结构，项目占地面积 300 亩（1 亩≈ 666.7m^2），共有 45 栋建筑，项目内隔墙工程采用陶粒板，该项目在安装过程中发生了一些质量问题，这些质量问题也是陶粒板施工安装过程中常见的质量通病。下面重点对陶粒板安装过程中常见的质量通病进行分析、处理，并提出可靠的防治措施。

2. 常见质量问题

在安装陶粒墙板的过程中，容易出现以下四类质量问题。

（1）在安装墙板时，板侧带浆不足、板底塞浆不到位、板缝卡浆不满、铺贴网格布粘贴不实等，容易导致墙板出现垂直裂缝和水平裂缝。

（2）门头板两端坐浆不足、网格布粘贴不实、门头板两侧竖缝卡浆不足，容易导致门洞上方两端出现倒“八”字形裂缝，如图 6-4-1 所示。

图 6-4-1　门洞施工处理不当引起的开裂

（3）采用顶板施工工艺，底部缝隙过大，后期容易发生沉降裂缝，且在安装过程中，墙板容易发生倾覆，造成严重的安全事故，如图 6-4-2 所示。

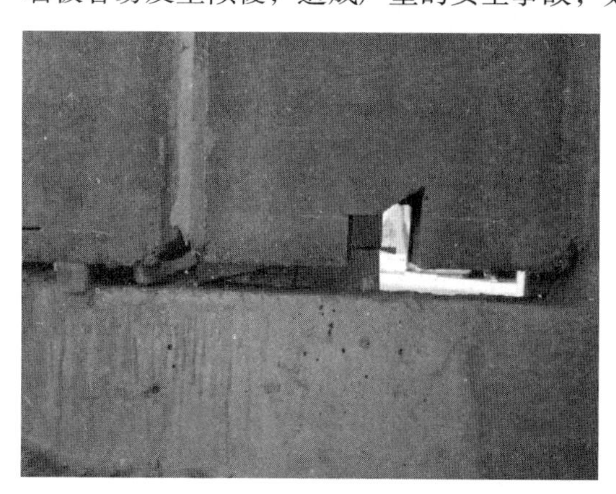

图 6-4-2　采用顶板法施工工艺底部缝隙过大

（4）墙板与一次结构接缝处在铺贴网格布前，没有进行蘸水湿润，导致一次结构出现空鼓现象。

（5）施工人员在安装墙板前，没有认真选板，安装时没有严格按墨线立板校正，板墙的平整度、垂直度达不到规定的要求。

3. 问题分析

安装墙板时，产生质量问题，主要有以下几个原因。

（1）安装中没有按规定进行施工，板面清理不到位，板面残渣浮灰降低了胶浆的粘结力；墙板下料长度偏差过大，导致胶浆收缩量过大或者塞浆不严密，墙体累计收缩量过大，板面的薄弱部位开裂。

（2）安装墙板时，墙板周边的胶浆打浆不足；胶浆配比不好，或者少放胶粉、掺劣质胶粉；板缝胶浆不足，板间又不挤紧；少打木楔，造成墙板受力不当，或者是平板没有挤紧，造成墙板板面、板缝开裂。

（3）在实际工程中，经常出现省事、省钱的简化处理，施工前期未按规范和设计要求进行专业深化设计，尤其是对墙体薄弱部位，如门头部位、门侧或断面较小的附墙垛、柱等的加强处理，给墙板留下产生裂缝的隐患。

（4）因后期的不规范、不文明施工，经常发生墙板当日安装，水电工次日就进行开槽破洞的行为，此时胶浆强度未达到设计值，而下一道工序提前进场，必定造成墙板开裂；还有的施工中不堵槽洞就粉刷墙面，造成墙板空鼓严重。

4. 问题处理

通常，对于施工现场出现的墙板裂缝，应采取以下措施进行修补。

（1）对安装结束后几个月发现开裂现象的处理方法：由于安装时间较长，墙体已经完成了干缩过程，水分基本蒸发完成，采用表面处理，将裂缝部位原砂浆粉刷层表面铲去，刻出三角形断面的缝口，用胶浆塞满，再批刮一遍，将裂缝填满；然后用胶浆粘贴一层100mm 宽耐碱玻纤网格布，表面批平收光。

（2）对还没有表面粉刷就出现裂缝的处理方法：在粉刷前，用胶浆粘贴一层 100mm 宽耐碱玻纤网格布，表面批平收光。

（3）对粉刷后出现裂缝的处理方法：如果时间允许，可静置一段时间，尽量让其收缩到位，在竣工验收前进行开槽，用微膨胀胶浆卡缝压实，再用胶浆粘贴一层 100mm 宽耐碱玻纤网格布，表面批平收光。

（4）对没有粉刷就出现门头缝的处理方法：在粉刷前，用胶浆粘贴一层 100mm 宽耐碱玻纤线网格布，表面批平，再在总包方墙体粉刷时一并添加钢丝网进行粉刷。

5. 防治措施

除针对质量问题采取相应正确的解决措施外，墙板安装单位还应针对后续安装工程采取相应防治措施，笔者根据多年施工经验，整理出如下防治措施：

（1）墙板安装单位召开针对该项目的裂缝修补专题会议，分析问题原因，制订措施，明确责任，进行整改落实。

（2）公司组织人员对现场进行检查，找出裂缝存在的部位，划分类型，限定时间，逐层进行整改。

（3）加强修补作业的细部控制，做到每一处裂缝都明确专人负责，比照修补方案制订个案修补的具体细则，按修补流程落实到位。

（4）加强现场修补质量的监督和验收，对正在修补的部分，如检查不合格，应当场予以返工，返工和整改不合格的，予以罚款，并清出现场。

6.4.2 ALC 墙板安装质量通病及防治

1. 项目案例概况

江苏太仓某住宅楼项目二期工程，地块住宅规划用地 37228m^2，地上总建筑面积

114030.94m², 其中 3 号地块住宅地上总建筑面积 60901.68m², 4 号地块（幼儿园）规划用地 8003m², 地上总建筑面积 4805.6m², 工程内隔墙主要采用 ALC 墙板。在 ALC 墙板的实际安装过程中，出现了通缝、胶粘剂不饱满、嵌缝过早等质量问题，而此类问题也是在安装 ALC 墙板过程中常见的质量通病。下面以此项目为例，对 ALC 墙板安装过程中的质量通病进行分析、处理，并提出可靠的防治措施。

2. 常见质量问题

（1）ALC 墙板安装完成后，后期在墙板之间的接缝处无胶粘剂，出现通长裂缝，如图 6-4-3 所示。

（2）ALC 墙板板缝嵌缝后，因未挂网板缝出现开裂，如图 6-4-4 所示。

图 6-4-3　ALC 墙板间无胶粘剂

图 6-4-4　ALC 墙板板缝嵌缝未挂网

（3）ALC 墙板的安装阶段，进行嵌缝操作时，虽使用耐碱玻纤网格布，但操作不规范，嵌缝过早，如图 6-4-5 所示。

（4）ALC 墙板安装完成后，进行后续施工操作时，因 ALC 墙板管卡破坏而出现晃动、不稳固等现象，如图 6-4-6 所示。

图 6-4-5　ALC 墙板板缝嵌缝过早

图 6-4-6　ALC 墙板管卡被破坏

（5）ALC 墙板安装完成后，墙板之间出现不均匀沉降，墙板出现开裂现象，ALC 墙板板底塞缝不饱满，如图 6-4-7 所示。

图 6-4-7　ALC 墙板板底塞缝不饱满

3. 问题分析

（1）ALC 墙板后期出现通长缝的原因有很多种，最常见的原因是 ALC 墙板间自然靠拢，墙板之间无胶粘剂，导致后期墙板接缝处大面积出现通缝现象。

（2）ALC墙板嵌缝处出现开裂的问题有很多种，主要考虑在进行 ALC 墙板嵌缝时，未使用耐碱玻纤网格布，或者未按要求使用耐碱玻纤网格布。

（3）常见的嵌缝操作不规范现象，主要有 ALC 墙板嵌缝过早，边安装 ALC 板边对板缝进行嵌缝处理等。

（4）对于 ALC 墙板出现的晃动问题，一般是由于墙板的固定管卡被破坏，ALC 墙板主要靠上、下两个管卡固定，管卡破坏后，将造成墙板的整体不稳定。

（5）安装 ALC 墙板时，ALC 墙板底部缝隙较小，填塞砂浆时未塞满，导致板材底内部出现大面积空隙，板材不均匀下沉后，容易造成板缝开裂。

4. 问题处理

（1）ALC 墙板不论是凹凸型板还是平板，均采用挤浆法安装，保证板缝砂浆 / 胶粘剂饱满均匀，厚度不应大于 5mm。

（2）安装 ALC 墙板时，应有胶粘剂，墙板安装完成 16d 后处理墙板的接缝，为防止开裂，应粘结一道宽 200mm 的耐碱玻纤网格布。

（3）按“1717”工序原则，墙板安装完成 1d 后补底缝，补底缝完成 7d 后管线开槽安装，管线开槽安装封堵完成 1d 后退木楔，退木楔完成 7d 后进行板缝嵌缝、挂网。

（4）ALC 墙板定尺加工时，板长应考虑楼面平整度误差，板长加工时尺寸适当短些。安装墙板时，板底应预留出足够缝隙，砂浆应填塞饱满。

5. 防治措施

对于 ALC 墙板在安装过程中可能出现的质量问题，施工现场项目部应做好事前技术交底，加强对安装过程的质量控制工作，具体应做好以下防治工作：

（1）在 ALC 墙板安装作业施工前，应由项目部相关专业技术人员向参与施工的人员进行技术交底，保证施工人员对 ALC 墙板安装的特点、技术质量要求、施工方法与措施以及安全等方面有较详细的了解，以便于科学地组织安装，避免发生技术质量等事故。

（2）若在 ALC 墙板的安装过程中已经出现开裂现象，项目负责人应及时组织 ALC 墙板安装分包单位、质量管理等部门召开针对该 ALC 墙板裂缝修补的专题会议，分析问题原因，制订措施，明确责任，进行整改落实。

（3）确定墙板的修补方案后，应加强对修补作业的细部控制，针对每一处裂缝，都明确专人负责，比照修补方案制订个案修补的具体细则，按修补流程落实到位。

（4）在修补的过程中，应加强对现场修补质量的监督和验收，对正在修补的部分，如检查不合格，应当场予以返工。对返工和整改不合格的，根据实际情况予以罚款。对于反复出现修补质量不合格的情形，可考虑责令相关分包单位退场。

6.5　成品保护质量通病及防治

1．项目案例概况

南京某安置房工程建筑面积为24430m²，地上28层，地下1层，主体为框架 - 剪力墙结构。2019年5月开始进行墙板分项工程的施工，当年9月安装结束，并进行了墙板安装分项工程的移交工作。2019年12月，总包方在检查时发现现场的轻质墙板墙体出现了裂缝，部分靠近施工洞的位置墙板有走动变形，需要墙板安装单位进行修补。

2．常见质量问题

经工程项目现场检查后发现，轻质墙板墙体出现裂缝、部分靠近施工洞的位置墙板有走动变形的问题，主要是现场的成品保护工作做得不到位引起的。

3．问题分析

（1）在墙板安装完成后，水电安装方进行管线预埋时，发现部分水电管线预埋位置不合理且需要变更，而变更后的管线没有预留的管线接驳口，现场就直接进行了开槽、开洞处理。由于开槽、开洞没有按相关要求和工序开展施工作业，甚至用大锤在墙板上进行敲砸，强烈的振动引起墙板开裂并形成裂缝，甚至变形。后期施工不当引起的开裂如图6-5-1所示，不正确的敷设线管开槽如图6-5-2所示。

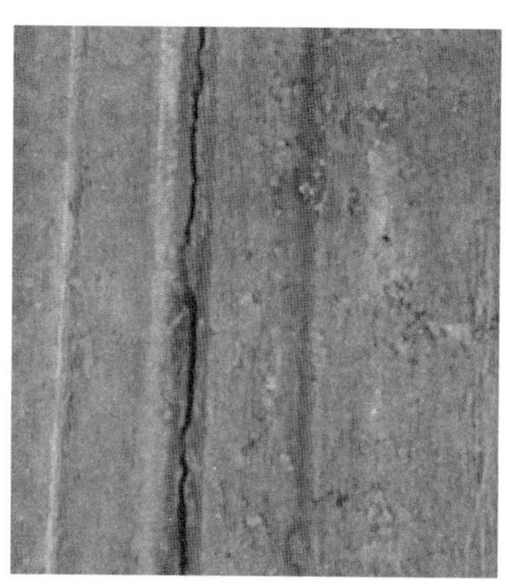

图6-5-1　后期施工不当引起的开裂

图6-5-2　不正确的敷设线管开槽

（2）在部分靠近施工洞的位置，由于经过施工洞转运施工材料的时候经常撞到洞口两侧的墙板，引起墙板松动、走形。

4．问题处理

墙板安装方经施工现场查勘，并会同总包方进行了商讨，总结出以下修补方案：

1）对裂缝的修补方案

（1）对所有房间进行逐间检查，及时发现墙板裂缝、走形的情况，并进行标识和记录；

（2）对裂缝部位进行表面铲除至墙板基层，清除垃圾，掸去表面的浮灰，在进行表面湿润后，用专用的加胶腻子批贴网格布；

（3）进行短暂养护后，用腻子将表面批平压光，修补时，要注意腻子与原有墙面色泽一致，保持墙面整洁，地面干净；

（4）现场恢复、清理。

2）对墙板走形的处理方案

（1）对于轻微的走形，进行表面砂磨，然后批腻子，刷涂料；

（2）对于较严重的走形，先进行拨正处理，然后做表面砂磨或铲平，再批腻子，刷涂料。

5. 防治措施

对于 ALC 墙板在成品保护阶段出现的质量问题，应重点落实以下预防措施：

（1）在项目的深化设计阶段，应充分考虑项目的管线需求，在设计图纸中准确预留管线点位，减少管线施工过程中的变更量；

（2）在施工前，应做好轻质墙板的施工技术交底工作，明确各工序的搭接关系，严控现场的交叉作业；

（3）现场管理人员应加强质量巡查，发现违规作业时，应及时制止，整理轻质墙板安装过程中存在的成品保护问题，定期组织分包单位、质量管理等部门召开专题会议，强化项目参与各方的成品保护意识。

6.6 管线交叉施工引起的质量通病及防治

1. 项目案例概况

2020 年 4 月，南京某住宅工程项目共有 15 栋单体建筑，出现空鼓的建筑有 7 栋（包括 1 号楼 4 户，3 号楼 4 户，4 号楼 6 户，5 号楼 6 户，13 号楼 6 户，14 号楼 4 户，15 号楼 4 户）。施工接近竣工验收阶段时，总包方提出墙体空鼓修补费用应由轻质墙板安装分包商承担，总包方提出的分摊到分包方的空鼓修补面积达 2400m^2，费用达 20 多万元。

2. 常见质量问题

由于管线交叉施工所产生的问题，主要体现在后期使用阶段，墙面大量出现空鼓现象。

3. 问题分析

该工程中，出现墙板空鼓的因素较多，其中一个主要原因是水电预埋开槽作业不规范。

（1）施工现场水电分包方过早进场，墙板安装养护时间不充分，在胶浆强度还未达到设计值便开槽开洞，造成墙板与胶浆间脱离、开裂，形成空鼓。施工分包方过早地进行了水电预埋开槽。墙板没有达到足够强度就开槽，容易形成空鼓现象。

（2）开槽作业不规范。水电分包方没有进行放线，也没有采用电锯进行裁口开槽，使得墙板受到敲打振动，造成胶浆连接处脱落空鼓。常见问题如图 6-6-1～图 6-6-4 所示。

图 6-6-1　墙板上端电气预埋管过于集中

图 6-6-2　后补管槽盒洞照片

图 6-6-3　不当的管线施工

图 6-6-4　不当的线盒预埋

（3）开洞过大，使得墙板本身断面削弱变小、强度受损；同时大面积的敲击开洞也使得墙板本身受损、开裂、变形，如图 6-6-5、图 6-6-6 所示。

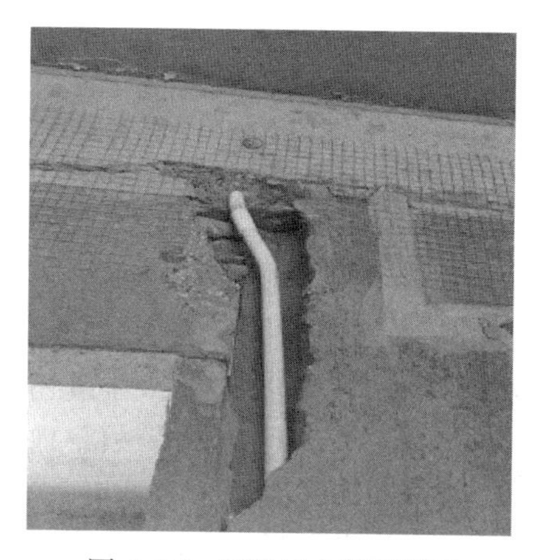

图 6-6-5　开洞过大断面削弱

图 6-6-6　大面积的敲击开洞

（4）补槽施工不规范引起空鼓。如图 6-6-7、图 6-6-8 所示，修补现场这样的大洞时，应在中间堵砌砌块，两边再分层次进行砂浆粉刷，以避免砂浆收缩开裂，产生脱落、空鼓的现象。而在现场补洞时，仅用砂浆填堵，这样堵塞砂浆会因失水而产生较大的收缩，必定引起墙板堵洞处的开裂、空鼓现象。

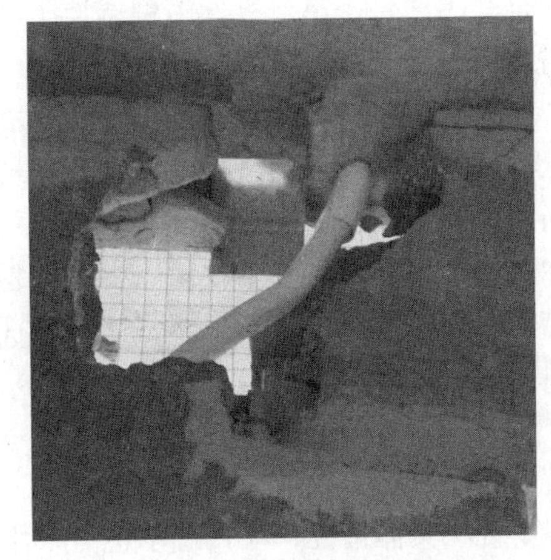

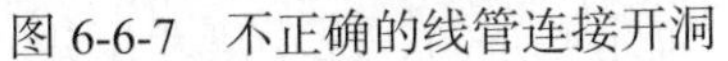

图 6-6-7　不正确的线管连接开洞

图 6-6-8　不规范的线管连接开洞

（5）挂网粉刷操作不规范，使得洞、槽内本身就是空的。现场有很多槽、洞根本没有补塞砂浆，直接挂网就粉刷覆盖了，里面本身就是一个洞，敲起来响声更大，如图 6-6-9、图 6-6-10 所示。

图 6-6-9　打断过门板且挂网粉刷前洞未堵

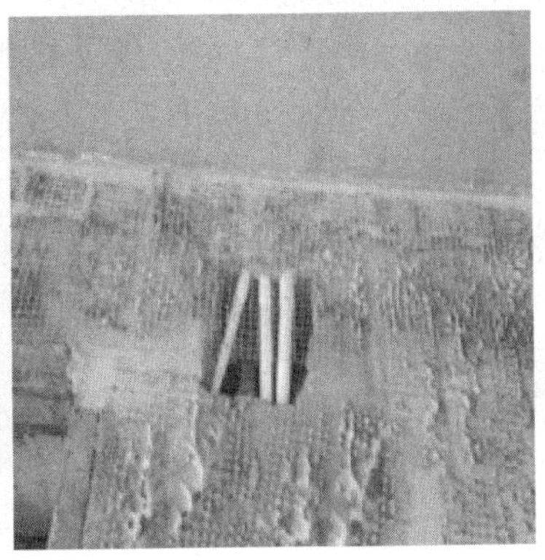

图 6-6-10　线盒洞口未堵就挂网粉刷

（6）施工工艺不当。从第一批次施工的 7 栋建筑与第二批次施工进行比较可以发现，第一批次的施工工艺不当。第一批次施工中采用的粉刷施工工艺等不规范也是引起墙板空鼓的主要原因之一，第二批次粉刷调换了施工班组，也调整了粉刷的工艺，所以第二批次施工的墙板就没有出现空鼓的现象。

（7）粉刷砂浆有问题。第二批次的粉刷工发现，第一批次的粉刷砂浆有问题，第二批次施工时调换了粉刷砂浆，之后就没有出现空鼓的现象，说明第一批次的施工所采用的砂浆有问题。

（8）违规添加外加剂。在第一批次的粉刷施工时，施工人员在粉刷砂浆中添加了砂浆王，结果发现效果不好，之后又多次更换砂浆王。在砂浆中掺入砂浆王是明令禁止的做法。而第二批次粉刷施工时并没有添加砂浆王，所以第二批次粉刷的墙板就没有出现空鼓现象。

4. 问题处理

根据现场具体情况，项目总承包方采用下列方法进行空鼓修补：

（1）分栋、分层、分户找出空鼓所在的位置，确定其走向、大小尺寸，并就其位置、范围大小、大致深度进行标识，做好记录。

（2）根据现场勘查的情况制订具体的修补方案，准备修补的人员、材料、工具。

（3）扫（铲）除表面的浮灰或原有胶浆及网格布。

（4）顺着空鼓的走向，用切割机裁出空鼓所在的凹槽。

（5）清理凹槽，剔除浮砂，掸去浮灰。

（6）用胶刷一遍凹槽打底，用胶浆贴一层网格布加强片，压紧抹平。

（7）稍后，再在凹槽内满批一遍微膨胀胶浆（或石膏砂浆），表面保持与原墙面平齐，再压光收平。

（8）修补时，要注意保持墙面整洁，确保质量，地面干净整洁，并做到安全施工。

5. 防治措施

考虑到本工程墙板大部分都是 2019 年上半年安装的，已经养护了半年以上，大部分墙体收缩变形已经完成，基本上处于稳定状态，所以应尽快修补恢复。从 2020 年 2 月底开始，总承包方根据项目现场的实际情况和工程的进度安排，组织力量对空鼓的地方实施修补。

（1）逐间检查所有房间，及时发现墙板裂缝，并进行标识。

（2）对所有裂缝，都要扫（铲）除表面的浮灰或原有胶浆（网格布）。

（3）对缝宽小于等于 0.3mm 的缝隙，用低收缩胶浆批一遍，再贴一层宽 100mm 耐碱玻纤网格布。

（4）对缝宽大于 0.3mm 的缝隙，先用刨槽机沿缝刨出宽 100mm、深 3～5mm 的凹槽（严禁使用板斧乱敲乱砸），用低收缩胶浆批满凹槽，养护 2d 左右，再贴一层宽 100mm 耐碱玻纤网格布。

（5）修补时，要注意保持墙面整洁，地面干净。

经总承包方修补陶粒墙板表面粉刷之后，达到原设计和施工的质量验收要求，整个工程最后顺利交付使用。

6.7 装修引起的质量通病及防治

1. 项目案例概况

无锡市某商业大厦项目，总占地面积为45960m^2，项目总建筑面积为182940m^2，其中地下建筑面积约11000m^2，地上建筑面积约170000m^2，项目于2020年建成并投入运营，项目主体为框架结构，内围护墙体采用装配式轻质墙板，其中内隔墙采用ALC墙板，卫生间等有水房间采用蒸压陶粒板。本项目在刮完腻子后出现墙板开裂的现象。下面以此项目为例，对轻质墙板装修过程中的质量通病进行分析、处理，并提出可靠的防治措施。

2. 常见质量问题

本项目在施工过程中，除了出现前面提及的质量问题，由于装修阶段操作不当，也出现了其他质量问题，比如墙面出现空鼓（图6-7-1），以及粉刷层出现开裂现象（图6-7-2）。

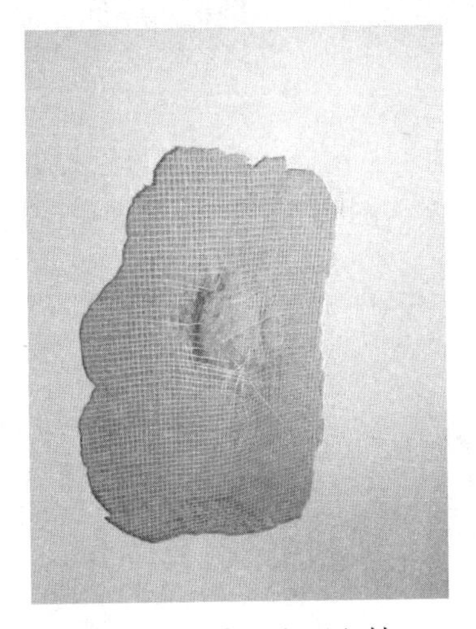

图6-7-1 墙面出现空鼓

图6-7-2 粉刷层出现开裂现象

3. 问题分析

该工程中，引起墙板空鼓的因素较多，5.5节介绍了管线交叉施工引起的空鼓现象，除此之外，本节还会介绍一些造成空鼓的因素。另外，本项目粉刷层也出现了非墙板安装原因导致的裂缝。整理分析原因如下：

（1）现场所采用的粉刷砂浆强度不足，这样的砂浆粉上墙板后，会产生离析现象，必然达不到理想的强度，出现脱壳，产生空鼓。

（2）施工方在补槽前没有按规定对所开的洞口进行认真清理，使得洞口、洞侧有浮灰、杂物夹在其中，砂浆粉刷凝固后，必然形成脱层，产生空鼓。

（3）槽口仅表面粉刷一层砂浆，洞内未填充。

（4）粉刷前，一次结构、墙板基层没有刷界面剂，也没有进行表面湿润，也会导致发生空鼓现象。

（5）切板后，门横板与竖板粘结面积小，未粘结牢靠，导致后期装修层开裂。

4. 问题处理

（1）对于墙板空鼓的处理方法，可参照6.5节相关要求执行，顺着空鼓的走向，用切割机裁出空鼓所在的凹槽，清理凹槽，剔除浮砂，掸去浮灰，空鼓墙面修补如图 6-7-3 所示。

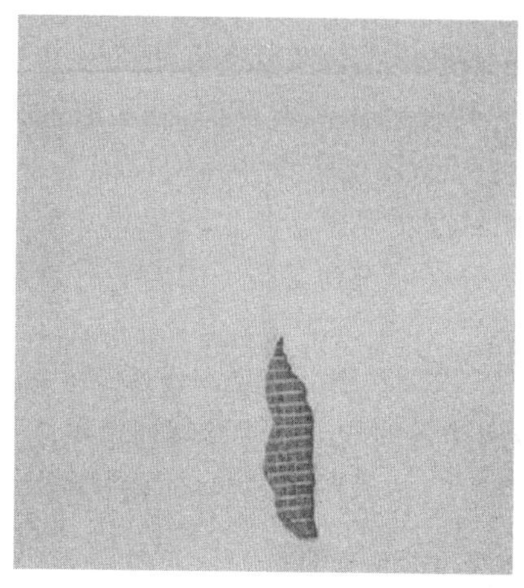

图 6-7-3　空鼓墙面修补

（2）本项目在进行局部修补时，在不破坏粉刷面的前提下，也可以通过贴接缝纸带、接缝布带、PVC 抗裂带、抗裂布带等抗裂材料（图 6-7-4、图 6-7-5），按步骤完成局部空鼓修补方案。

图 6-7-4　接缝布带

图 6-7-5　接缝纸带

（3）应对开裂处切割“V”字形缝，缝宽约 5mm，切割至基层，采用墙面修补膏修补 2 遍，再张挂 2 遍耐碱玻纤网格布。

5. 防治措施

（1）对于装修阶段操作不当引起的空鼓问题，可参照 6.5 节防治措施部分相关要求执行。

（2）门框板切板后，门横板采用 PE 棒塞实，门竖板用砂浆修补平整，以增大粘结面积。

（3）门横板宜使用钢筋混凝土过梁，门头板宜采用结构下挂梁的方式。

（4）门洞处门框应采用钢筋混凝土加强框，防止后期出现开裂现象。

（5）加强对粉刷层砂浆质量的控制，防止出现开裂、空鼓现象。

参考文献

[1] 中国建筑材料联合会. 推动墙体材料转型升级 [J]. 建设科技，2012（23）：14.

[2] 刘敬敏，秦康，申士龙，等. 新型混凝土轻质隔墙板的制备及力学性能研究 [J]. 新型建筑材料，2020，47（10）：108-112.

[3] 代学灵，郭金龙，肖三霞，等. 含玻化微珠的陶粒混凝土外墙板保温性能分析 [J]. 建设科技，2020，413（16）：83-86.

[4] 刘洪彬. 轻质菱镁墙板生产方式的改进 [J]. 砖瓦，2011，280（4）：42-43.

[5] 史长江，周伟，郭辉耀. 轻质隔墙裂缝产生原因及防治措施 [J]. 建筑技术开发，2020，47（15）：130-131.

[6] 高翔. 蒸压加气混凝土隔墙板的施工与应用 [J]. 江西建材，2020，258（7）：119-120.

[7] 王怀鑫，郭发强，杨亚辉，等. 轻质实心复合条形墙板在装配式钢结构建筑中的应用研究 [C] // 2020 年工业建筑学术交流会论文集（上册），2020: 128-131，227.

[8] 司道林. 轻质墙板在装配式钢结构住宅的应用研究 [J]. 建筑与预算，2020，294（10）：57-59.

[9] 丁庆军，张勇，王发洲，等. 高强轻集料混凝土分层离析控制技术的研究 [J]. 武汉大学学报（工学版），2002，35（3）：59-62.

[10] 叶列平，孙海林，陆新征. 高强轻骨料混凝土结构：性能、分析与计算 [M]. 北京：科学出版社，2009.

[11] 郑雯，杨钱荣，王冰，等. 工业废渣陶粒混凝土性能及其影响因素研究 [J]. 粉煤灰综合利用，2016（4）：3-6.

后　记

2021年住房和城乡建设部标准定额司发布了《关于2020年度全国装配式建筑发展情况的通报》，2020年全国新开工装配式建筑共计6.3亿m^2，较2019年增长50%，占新建建筑面积的比例约为20.5%，已经完成了我国《"十三五"装配式建筑行动方案》确定的到2020年达到15%以上的目标。随着我国装配式建筑发展进程的持续深入，各地在装配式建筑评价标准方面都作出了明确规定，除了主体结构的装配化施工外，内围护结构的装配化施工市场规模也逐渐增大。编者在大量的走访调研过程中，发现轻质墙板的装配化施工在施工效率上有极大的提升，在成本上已经接近甚至优于传统砌体隔墙，但由于相关从业人员对专业知识的欠缺，目前我国轻质墙板的应用过程中普遍存在墙板开裂、空鼓等质量缺陷，此类问题如不加以疏导，则不利于行业的健康发展。因此，南通市装配式建筑与智能结构研究院组织相关专家、学者，联合业内企业共同编制《装配式轻质墙板技术及质量通病防治》一书，旨在为轻质墙板行业的健康发展提供理论支持和技术指导，具有重要的理论价值和实践意义。

本书在编写出版过程中，得到了苏州良浦住宅工业有限公司、江苏登绿新型环保材料有限公司、江苏华盟装配式建筑有限公司、上海利物宝建筑科技有限公司、江苏智聚智慧建筑科技有限公司、江苏冠领新材料科技有限公司、泰州绿品源装配式建筑科技有限公司等单位的大力支持和帮助，编者在此表示诚挚的敬意和衷心的感谢；并对中国建筑工业出版社为本书所做的大量细致的工作表示感谢。

由于编者水平有限，在实际的编写过程中可能存在不足之处，希望各位读者予以批评指正。读者若对本书有建议或者疑问，抑或在轻质墙板实际的使用过程中碰到痛点或难点，都可通过邮箱（chenchen@zhjcx.cn）与编者联系，为读者提供专业的指导和建议。

编者